Auguste Comte

Cours de philosophie positive

positive

Tome I

Édition critique par Charles Le Verrier

PARIS
CLASSIQUES GARNIER

Professeur de philosophie, Charles Le Verrier est spécialiste de la philosophie positiviste du XIXᵉ siècle en France et en Allemagne. Nous lui devons notamment des études et éditions scientifiques consacrées à Friedrich Hölderlin, Friedrich Nietzsche et Auguste Comte. Il a également publié des articles dans la *Revue de métaphysique et de morale*.

Couverture :
« La conscience humaine » Blog Facebook – La conscience humaine

Réimpression de l'édition de Paris, 1949.

ISBN 978-2-8124-1654-5
ISSN 2417-6400

Auguste Comte

Cours de philosophie positive

Tome I

Édition critique par Charles Le Verrier

PARIS
CLASSIQUES GARNIER

Professeur de philosophie, Charles Le Verrier est spécialiste de la philosophie positiviste du xixᵉ siècle en France et en Allemagne. Nous lui devons notamment des études et éditions scientifiques consacrées à Friedrich Hölderlin, Friedrich Nietzsche et Auguste Comte. Il a également publié des articles dans la *Revue de métaphysique et de morale*.

Couverture :
« La conscience humaine » Blog Facebook – La conscience humaine

Réimpression de l'édition de Paris, 1949.

ISBN 978-2-8124-1654-5
ISSN 2417-6400

AVANT-PROPOS

———

Cette édition s'adresse aux élèves des lycées et collèges ainsi qu'aux étudiants des universités.

Il y a d'ordinaire, dans l'œuvre de Comte, quelque passage permettant de répondre aux questions que l'on se pose en lisant, soit les deux premières leçons du *Cours de philosophie positive*, soit le *Discours sur l'esprit positif*. Nous avons recherché les textes qu'il faut connaître, si l'on veut comprendre et expliquer ces deux ouvrages inscrits aux programmes des divers examens. C'est assez dire que nous avons surtout voulu emprunter à Comte lui-même les éléments de notre commentaire.

Pour plus de clarté, nous divisons en paragraphes les deux leçons et le *Discours*. Les chiffres romains renvoient au sommaire que nous plaçons sous chaque titre. En outre, nous avons distingué trois parties dans le *Discours sur l'esprit positif*.

Le *Discours* répète souvent le *Cours*. Nous indiquons quand il faut consulter les notes de l'un à propos de l'autre et *vice-versa*.

Ch. L. V.

INTRODUCTION

I

VIE D'AUGUSTE COMTE

Auguste Comte naquit à Montpellier en janvier 1798. Son père était caissier à la Recette générale de l'Hérault. Sa mère appartenait à une famille de médecins. Ces petits bourgeois professaient des opinions catholiques et monarchistes dont leur fils se libéra très tôt. Comte ne paraît guère avoir connu la douceur des caresses maternelles. Dès sa neuvième année, il est interne au lycée de Montpellier. Nulle influence féminine ne forma sa jeune âme aux tendres expansions. Ne nous étonnons pas si ceux qui l'ont connu adolescent nous parlent de sa nature précocement sérieuse et de son caractère difficile : l'autorité ne lui fut révélée que sous l'aspect d'une discipline uniforme contre laquelle se révoltait toute la vigueur originale de sa personnalité. Cependant cet écolier rebelle a des succès brillants et rapides. A quinze ans, il est premier sur l'une des quatre

listes d'admission pour l'école Polytechnique.
Empêché par le règlement sur la limite d'âge
d'entrer avant sa seizième année, il occupe ce
délai à faire, comme suppléant, le cours de mathématiques spéciales devant ses anciens condis-
ciples, parmi lesquels viennent prendre place
quelques-uns des maîtres répétiteurs, qui, tout
récemment peut-être, l'ont malmené. En 1816, il
est renvoyé de Polytechnique avec tous ses cama-
rades : il y a eu manifestation contre un professeur auquel Comte s'est chargé de présenter l'ul-
timatum des élèves, lui faisant sommation de ne
pas remettre les pieds à l'École ; le résultat est
un licenciement général. Carrière entravée pour
Comte. Les emplois publics n'accueilleront pas cet
insubordonné. Du moins a-t-il acquis une forte
culture mathématique. Il passe quelques mois à
Montpellier où il suit les cours de physique, de
chimie et de médecine à la Faculté. Dès son retour
à Paris, les savants qu'il y connaît, notamment
Poinsot, le géomètre, et de Blainville, le naturaliste, lui procurent des leçons dont il vit. Ce
qu'était l'enseignemnt de Comte, un de ses élèves
va nous le dire. « Chaque jour, au moment où
l'horloge du Luxembourg sonnait huit heures,
quand le frémissement du marteau sur le timbre
était encore sensible, la porte de ma chambre
s'ouvrait, et alors entrait un homme petit, mais
fort, net et propre dans toute la force du terme,

frais rasé, sans aucun vestige de barbe ni de moustaches. Il était invariablement vêtu d'un habit noir irréprochable, comme s'il allait dîner en ville, sa cravate blanche, aussi fraîche que si elle sortait des mains de la blanchisseuse, et son chapeau lustré comme le poil d'un cheval de course. Il avançait vers le fauteuil préparé pour lui au milieu de la table à écrire, plaçait son chapeau sur le coin à gauche, sa tabatière à côté, et alors, trempant deux fois sa plume dans l'encrier, il la portait à un pouce de son nez afin d'être sûr qu'elle était convenablement remplie, puis il rompait le silence : « Je vous ai dit que la ligne AB, etc... » Pendant trois quarts d'heure il continuait sa démonstration, tout en écrivant de courtes notes pour son élève. Puis, prenant un autre cahier placé près de lui, il examinait la reproduction écrite de la dernière leçon.

Il examinait, corrigeait ou commentait jusqu'à ce que la pendule sonnât neuf heures. Alors avec le petit doigt de la main droite, il faisait tomber de son habit et de son gilet la pluie de tabac super-flu dont il les avait inondés ; il remettait sa taba-tière dans sa poche et, prenant son chapeau, il faisait, aussi silencieusement qu'il était venu, sa sortie par la porte que je courais lui ouvrir[1]. »

<hr>

1. Ces souvenirs sont d'un jeune Anglais et ont été publiés dans le *Chamber's Journal*, de Dublin, la traduction en est

Ainsi, Comte apportait à ses leçons, payées trois francs, une régularité, une conscience telle, qu'il n'aurait pas voulu employer la moindre minute autrement qu'au travail. Il agissait, dit son élève, *comme un ressort d'horloge, sans aucun échange des plus légères courtoisies de la vie.* « C'était en vain que j'essayais de rompre la froideur de nos relations et d'établir ces causeries préliminaires auxquelles j'ai trouvé quelques professeurs trop prêts à employer tout le temps de leurs leçons. Il semblait dire qu'il s'était imposé un devoir désagréable et que rien ne pouvait l'en détourner[1]. » Homme de devoir et de méthode, tel il fut dans l'exercice de cet humble métier, tel il se montra toujours dans l'accomplissement de ce qu'il appelait sa mission. Ni les soucis d'une situation parfois précaire et souvent misérable, ni les menaces de la maladie cérébrale dont il savait les rechutes à tout moment possibles, ni les tristesses et les difficultés d'une vie domestique assombrie par le plus fâcheux mariage, ni les souffrances enfin de l'amitié trahie et de l'amour malheureux ne l'empêchèrent jamais de se consacrer au service de l'humanité.

De 1817 à 1824, Comte est le secrétaire de Saint-Simon. Croirons-nous le jeune philosophe

---

due au Dr ROBINET, *Notice sur l'œuvre et la vie d'Auguste Comte* (3e édition, Paris, 1891, p. 553).

1. *Loc. cit.*, p. 554.

lorsqu'en 1824 il écrit : « Ayant médité depuis longtemps les idées mères de M. Saint-Simon, je me suis exclusivement attaché à systématiser, à développer et à perfectionner la partie des aperçus de ce philosophe qui se rapporte à la direction scientifique. J'ai cru devoir rendre publique la déclaration précédente, afin que si nos travaux paraissent mériter quelque approbation, elle remonte au fondateur de l'école philosophique dont je m'honore de faire partie[1]. » Ce grand remueur et inventeur d'idées qu'était Saint-Simon a-t-il vraiment fourni à son secrétaire des principes philosophiques que le fondateur du positivisme se serait contenté de développer? Il ne nous appartient pas de trancher ici une pareille question[2]. Nous noterons toutefois que les grandes thèses du positivisme s'appuient sur des notions précises qui faisaient absolument défaut au *pape scientifique*[3], et l'on conviendra en outre que l'unité de pensée, si forte et si complexe, qui, nous le verrons, ca-

1. Avertissement au *Plan des travaux scientifiques nécessaires pour réorganiser la société* dans le 3ᵉ cahier du *Catéchisme des industriels*.

2. Voir les documents dans la *Notice sur l'œuvre et la vie d'Auguste Comte*, par le Dʳ ROBINET (3ᵉ édition pp. 104-139) et les conclusions qu'en tire M. GEORGES DUMAS (*Psychologie de deux messies positivistes*, Paris 1905, Alcan, éditeur, pp. 225-314). Voir aussi *la Sociologie chez Auguste Comte*, par M. F. ALENGRY.

3. C'était le titre que se donnait Saint-Simon.

ractérise l'œuvre de Comte, est d'une valeur philosophique au moins comparable à celle des intuitions
fécondes, mais désordonnées et confuses, que le
secrétaire de Saint-Simon trouvait chez son maître.

A l'époque où Comte reprend sa liberté (1824),
il n'a écrit encore que des opuscules[1]. Mais tout le
positivisme est en germe dans la découverte de la
loi des trois états, et la vie de Comte a désormais
un but : procéder à la régénération sociale, en commençant par réformer les idées et les croyances.

La première leçon du *Cours de philosophie
positive* est annoncée pour le commencement
d'avril 1826. Ce cours doit avoir lieu chez le
professeur lui-même, et devant un auditoire composé de savants dont quelques-uns sont illustres.
Comte travaille de façon excessive, par périodes
trop longues, l'une atteignant quatre-vingts heures
sans véritable repos. Il écrit à Blanville : « Je
crains beaucoup de ne pas être suffisamment
préparé, car j'ai éprouvé, et j'éprouve encore, de
violents découragements, mais je suis sûr de
l'être convenablement, et le symptôme le plus
clair que je puisse vous indiquer, c'est que d'une
part j'ai fortement médité, et que, d'une autre
part, je n'ai pas écrit une ligne. »

1. Voici les titres des publications de Comte avant 1824
Sommaire appréciation de l'ensemble du passé moderne (1820).
*Plan des travaux scientifiques nécessaires pour réorganiser la
société* (1re édition en 1822).

Cette trop grande tension réfléchie n'allait pas sans périls de santé. Des soins discrets, patients et sûrs eussent été bienfaisants, en tous cas la paix du foyer était indispensable. Comte avait épousé, une année auparavant, Mlle Caroline Massin. Mariage inespéré pour une personne que ses occupations antérieures ne paraissaient point préparer à l'existence régulière et honnête; mais occasion de cruels déboires pour Comte, qui, s'il voulut, en réhabilitant sa femme, se l'attacher par la reconnaissance, devait être bientôt détrompé. Mme Comte ne regardait pas le domicile conjugal comme un lieu où il fût obligatoire de résider d'une façon permanente : elle y faisait des séjours, quitte à s'en absenter quelquefois. Son mari lui pardonnait, car il l'aimait.

On pense bien que les brèves ruptures, aussitôt suivies de réconciliations, lorsqu'elles se répètent fréquemment, produisent dans l'âme un pénible état d'émotivité. En pareille matière, M. Pierre Janet le montre dans son beau livre sur les *Obsessions et la Psychasthénie*, la pire des certitudes est préférable au doute fallacieux, qui épuise l'énergie et détruit l'équilibre. Auguste Comte devenait moins capable de résister aux crises de douleur morale. Quand il se vit abandonné une fois de plus, dans des circonstances particulièrement injurieuses, et au moment même où il tentait un grand effort pour soumettre sa philosophie au jugement des hommes compétents, sa raison eut une défaillance. Les auditeurs, qui avaient assisté à trois leçons depuis le 2 avril 1826, n'entendirent pas la quatrième cette année-là : lorsqu'ils se présentèrent, le 12 avril, on leur répondit que Comte était malade.

On l'interna dans la maison de santé du célèbre aliéniste Esquirol. Il y passa quelques mois et en sortit, souffrant encore, le 2 décembre 1826. Mᵐᵉ Auguste Comte s'occupa de le soigner et parvint à le guérir en six semaines. Mᵐᵉ Louis Comte, la mère du philosophe, collaborait à sa manière au traitement, en essayant d'apaiser la colère divine par la célébration du mariage religieux que son fils avait négligée.

Le convalescent demeura quelque temps sujet à une sorte de dépression mélancolique qui paraît avoir pris fin au printemps de 1827, non sans s'être exprimée par une tentative de suicide : Comte alla se jeter à la Seine du haut du pont des Arts ; il fut repêché, regretta son acte, dernière conséquence de la folie finissante, et blâma plus tard sévèrement ceux qui prétendent échapper, en se donnant la mort, à l'impérieux devoir de solidarité. Comte utilisa son expérience personnelle en appréciant un ouvrage sur l'aliénation mentale[1] et reprit, le 4 janvier 1829, son

1. *Examen du traité de Broussais sur l'irritation et la folie* (*Journal de Paris*, août 1828). Entre 1824 et 1828, Comte avait publié les *Considérations philosophiques sur les sciences*

Cours de philosophie positive. Doit-on tenir la gué-
rison d'Auguste Comte pour achevée au moment
où il recommence ses leçons ? Nous répondrons que
oui, sans hésiter. M. Georges Dumas, avec l'autorité qui s'attache à sa double compétence de
psychologue et de médecin, a fait justice de l'absurde légende que prétendirent accréditer certains ennemis perfides et une héritière intéressée[1].
De 1846 à 1857, année de sa mort, Auguste
Comte n'eut aucune rechute, ni aucune menace
de folie. Entre 1827 et 1845, il fut parfois obligé
de se défendre contre les retours du mal. Mais la
façon même dont il le fit prouve que sa raison
était saine et sa volonté méthodique : l'homme
qui, ayant remarqué combien la coïncidence
entre une période de grand effort intellectuel et
une émotion trop vive pouvait lui devenir funeste, se prescrit tout un régime physique et
moral, et ne s'en écarte pas durant dix-huit années,
n'est assurément pas fou. Son œuvre, d'ailleurs,
nous révèle avec quel esprit de suite, quelle ro-
buste logique, il réalisa les projets contenus dans
le *Plan* de 1822.

Les six volumes du *Cours de philosophie posi-*

---

et les savants (1825, n°s 7, 8 et 10 du *Producteur*) et les *Considérations sur le pouvoir spirituel* (1826, n°s 13, 20 et 21 du *Producteur*).

1. Voir Georges Dumas, *Psychologie de deux messies positivistes*, pp. 123-175 (Paris, 1905, Alcan, éditeur).

tive parurent de 1830 à 1842. La situation de Comte
s'était améliorée. Il avait été nommé, en 1832,
répétiteur d'analyse transcendante et de mécanique ratiohnelle à l'école Polytechnique, place
qu'il conserva vingt ans. En 1836, il eut l'occasion
d'occuper, par intérim, la chaire d'analyse, à laquelle il posa trois fois sa candidature, mais toujours
sans succès. De 1836 à 1844, il fut examinateur
d'admission. Il paraît s'être montré fort équitable,
mais rigoureusement inflexible ; et voilà qui n'est
pas pour étonner ceux qui savent que les questions de personnes n'ont jamais eu d'importance
à ses yeux : seule existait la vérité systématique.

Délivré du souci de gagner sa vie au jour le jour
par l'enseignement privé, Comte professa gratui-
tement, à la mairie du III° arrondissement de
Paris, un cours public d'astronomie, résumé en
1844 par le *Traité philosophique d'astronomie po-
pulaire*, dont le *Discours sur l'esprit positif* est le
préambule. Il fait éditer aussi à cette époque un
*Traité élémentaire de géométrie analytique à deux
et à trois dimensions* (1843). Tous ces travaux, joints
à ses *fonctions polytechniques*, comme il dit, ne
l'empêchent pas de réunir les matériaux nécessaires
pour la préparation de son deuxième grand ouvrage
qui exposera la morale et la religion positives.

C'est le moment où se place, dans la vie de Comte,
un épisode douloureux, qui eut pour résultat de
transformer, non point sa pensée, dont l'orientation

est constante depuis 1822, mais sa sensibilité et le
ton de ses ouvrages ; il s'éprit de Clotilde de Vaux.
Il avait quarante-six ans et vivait depuis longtemps
séparé de Mme Comte, lorsqu'il rencontra chez des
amis communs celle qui devait lui révéler l'émer-
veillement d'adorer avec toute l'âme, puis le dé-
sespérer par ses refus et le « sanctifier » enfin par
son souvenir. Clotilde de Vaux était mariée et malade : mariée à un homme indigne que la justice
avait envoyé au bagne ; atteinte du mal ardent qui
embrase la poitrine des êtres jeunes et frêles, rend
leurs joues trop roses, et fait briller leurs yeux.
Cette femme, jolie, douce et languissante, à laquelle
le philosophe voulait se consacrer tout entier désormais, ne put recevoir de lui que des conseils
littéraires et tolérer que des entretiens amicaux.
Il la voyait deux fois par semaine, et lui écrivait
deux fois par jour. Le reste du temps, il pensait à
elle. Cela dura moins d'un an. Le 5 avril 1846,
Clotilde mourut.

L'histoire des sentiments humains ne contient
pas d'exemple plus respectable et plus touchaat
que celui de cet amour. Dorénavant, Comte
attribuera au cœur une part prépondérante dans
la systématisation des idées et des croyances. Il
incorpore sa passion à sa philosophie. L'amour
de Clotilde morte revit dans le culte de l'Humanité.
Le deuil se fait religion. La physionomie même
de Comte et sa conversation changèrent. Son dis—

ciple anglais nous dit la surprise qu'il éprouva :
« Il me rappelait maintenant une des peintures
du moyen âge qui représente saint François uni
à la Pauvreté. Il y avait dans ses traits adoucis
une tendresse qu'on aurait pu appeler idéale
plutôt qu'humaine. A travers ses yeux à demi
fermés éclatait une telle bonté d'âme qu'on était
tenté de se demander si elle ne surpassait pas
encore son intelligence. Il m'honora d'une longue
conversation dont chaque mot me remplissait
d'une nouvelle admiration. Ce n'était plus ce
rigide penseur, régulier et sans passion comme
une mécanique. Il semblait avoir retrouvé sa jeunesse et ajouté quelque chose à son être primitif... J'avais toujours pensé que, sous le masque
de froideur dont il se servait les années passées,
se cachait une nature expansive et de chaudes
affections. Je vis cette fois qu'un petit *keepsake*
que je lui avais apporté lui plaisait tant, qu'en
m'en parlant, quelques jours après, ses yeux se
mouillèrent. Je compris qu'au dedans de lui était
l'âme la plus aimante[1]. »

Tous ceux qui l'approchèrent, à partir de ce
moment, furent conquis par cette chaleur d'affec-
tion. Lorsqu'il perdit même sa place à l'école
Polytechnique, sa servante lui offrit toutes les
économies qu'elle avait faites, afin qu'il eût le
moyen de subsister sans interrompre ses travaux

1. Traduction du Dʳ ROBINET, *loc cit.*, p. 556.

philosophiques. Le fondateur du positivisme pouvait d'ailleurs compter sur la reconnaissance des disciples que ses œuvres recrutaient à travers le monde. Déjà, en 1844, J. Stuart Mill avait obtenu d'amis anglais une somme de six mille francs destinée à remplacer le traitement d'examinateur dont Comte allait être privé. C'est là l'origine du *subside positiviste* qui devint régulier à partir de 1851 : le grand-prêtre de l'Humanité vécut de la religion nouvelle. Vie très simple, car Auguste Comte réduisait ses besoins le plus possible ; par exemple, aux repas, il remplaçait le dessert par un morceau de pain, qu'il mangeait en pensant à tous ceux qu'un travail excessif ne préserve point de la misère.

Chaque année témoigne d'un nouvel effort intellectuel et moral. C'est la publication du *Discours sur l'ensemble du positivisme* (1848) dont l'épigraphe exprime l'idée dominante : « réorganiser, sans Dieu ni roi, par le culte systématique de l'Humanité ». Puis Auguste Comte fonde la *Société positiviste*, tout ensemble école philosophique, parti politique, secte religieuse, ouvre un cours sur l'histoire générale de l'Humanité (1849)[1], fait paraître, de 1851 à 1854, les quatre volumes du *Système de politique positive ;* enfin il se met à l'élaboration de sa *Synthèse subjective,* qui devait

----

1. Le *Catéchime positiviste* résume cet enseignement.

comprendre : un *système de logique positive*, exposant la philosophie mathématique, un *système de morale positive*, traçant les règles de l'éducation universelle, et un *système d'industrie positive*, traitant de l'action d'ensemble exercée par l'Humanité sur la terre. Le premier volume seul a été publié (1856). La mort survint.

On célébrait, en avril 1857, les obsèques du sénateur Vieillard, qui avait été pour Comte un ami et un protecteur. Prévenu trop tardivement, Comte se rendit au cimetière en toute hâte et s'imposa des fatigues et des émotions que son état de santé rendait dangereuses. On croit qu'il souffrait d'une ulcération de l'estomac. Dès les premiers symptômes, il organisa la résistance à la maladie et voulut conserver la direction du traitement. Il eut une agonie consciente presque jusqu'à la fin, le médecin l'ayant averti cinq jours d'avance. Sa dernière préoccupation fut de ne déranger personne, et son dernier regard, le 31 septembre 1857, se fixa sur un bouquet d'immortelles que lui avait donné Clotilde de Vaux.

II

LE POSITIVISME

Nous nous sommes efforcé, dans le commentaire que nous avons joint à cette édition, d'exposer la philosophie de Comte assez complètement pour nous borner ici à en dégager les caractéristiques essentielles. Nous n'étudierons pas la *religion de l'Humanité*, au sujet de laquelle nous renvoyons le lecteur à l'introduction qu'a publiée M. Pécaut en tête du *Catéchisme positiviste*[1]. Nous examinerons seulement la philosophie des sciences et la morale; nous essayerons de réduire à quelques idées dominantes la méthode et la doctrine[2].

Le positivisme est une tentative pour réorganiser les sciences et réformer la société par la création de la sociologie. Ce que Descartes a fait pour le monde de l'étendue et du mouvement, Comte veut l'achever pour toutes les catégories des phénomènes. Descartes, sincèrement chrétien, n'osait point concevoir une science positive de l'âme, et, homme du xviie siècle, ne pouvait pas même se représenter des lois naturelles réglant l'évolution

1. Auguste Comte, *Catéchisme positiviste*, nouvelle édition avec notes, par P.-F. Pécaut (Garnier, éd., 1909). Voir aussi Boutroux, *Science et Religion dans la philosophie contemporaine*, pp. 37-79 (Flammarion, éd., 1908).

2. Pour une étude plus complète, voir Lévy-Bruhl, *la Philosophie d'Auguste Comte* (Alcan, éditeur); Alengry, *la Sociologie chez Auguste Comte* (Alcan, éditeur); Liard, *la Science positive et la Métaphysique* (Alcan, éditeur); Belot, *l'Idée et la Méthode de la philosophie scientifique chez Auguste Comte* (Bibliothèque du Congrès international de philosophie en 1900, Colin, éd., t. IV, pp. 413-472).

de l'histoire. Comte, affranchi des préjugés théologico-métaphysiques, averti par le spectacle de
la Révolution française qu'un progrès se réalise,
va conquérir pour la connaissance scientifique les
derniers phénomènes qui résistent encore et substituer à une *méthode objective*, forcément trop
étroite puisqu'on ne peut ramener la vie et la
conscience aux mathématiques, la *méthode subjective*, qui, en subordonnant toutes nos recherches
à l'Humanité, les rend enfin pleinement rationnelles, sûres d'elles-mêmes, de leurs procédés, de
leurs limites, de leur avenir, de leurs relations
avec l'ensemble du savoir.

A l'époque où ce jeune homme de vingt-quatre
ans trace le plan de sa vie intellectuelle, deux
partis se disputent l'exercice du pouvoir et l'influence sur l'opinion : les *rétrogrades* voudraient
revenir au droit divin des rois ; les *révolutionnaires*,
s'inspirant de l'esprit métaphysique, s'efforcent de
perpétuer un régime d'anarchie, qui rendit des
services passagers, quand il s'agissait de ruiner
l'ancien ordre de choses, mais qui est devenu
stérile, sinon néfaste. D'une part, Comte admire
l'organisation sociale, si solide et si cohérente, que
le moyen âge·dut à la sage distinction catholique
entre le pouvoir spirituel et le pouvoir temporel ;
d'autre part, et tout en reconnaissant qu'on ne
saurait plus dorénavrant fonder rien de stable sur
des croyances déchues, il tient l'égalité des

hommes pour une prétention absurde, le droit d'examen pour un contresens et la souveraineté du peuple pour une transposition mal déguisée de l'autorité absolue que s'arrogeaient autrefois les monarques. Comte rêve d'une hiérarchie, dont ce ne serait pas le catholicisme qui fournirait le principe, et d'un nouveau pouvoir spirituel, qui déterminerait les articles de foi auxquels les prolétaires devraient adhérer, ne gardant plus ensuite d'autre liberté que celle d'examiner la liaison entre les dogmes fixes et des conséquences pratiques susceptibles de varier. Il s'agit de trouver une philosophie *organique* comme le catholicisme, mais *progressive* autant que la Révolution. Et puisqu'enfin les sciences se sont développées, détruisant à jamais la théologie, il faut que la pensée nouvelle soit positive, c'est-à-dire qu'elle n'affirme aucune proposition qui ne se ramène en dernier ressort à un fait d'expérience ou ne découle d'une loi expérimentalement établie.

La plus grave erreur, celle que châtiera toujours un juste insuccès, consiste à aborder les questions compliquées avant les problèmes simples. Ainsi font les réformateurs brouillons et vaniteux, ces journalistes et ces avocats, qu'une superficielle culture littéraire a mal préparés au métier de politiciens. Il y a un ordre nécessaire dans les études qui aboutissent à la sociologie. On n'acquiert aucune vraie notion théorique des méthodes quand on n'est pas rompu à la connaissance de leurs applications. Ni l'on ne doit traiter de logique *a priori*, ni les institutions ne peuvent être réformées avant les mœurs, les croyances et les idées.

C'est donc par l'examen des sciences, qu'Auguste Comte commença son œuvre. Il y apporte deux préoccupations : d'abord il veut dresser comme un inventaire des méthodes positives, chaque science ayant pour résultat d'accroître le nombre et d'étendre la portée des outils intellectuels que se fabriquent les hommes en chasse du vrai ; puis il cherche à replacer chaque catégorie de connaissances en son rang. Ainsi les différents systèmes de lois naturelles pourront être rendus plus conformes à leurs définitions et plus aptes à servir efficacement l'humanité. Perfectionnement logique et gain social, voilà ce qu'Auguste Comte attend de sa vaste enquête sur les six sciences fondamentales.

Les mathématiques ne sont pas pour lui ce qu'elles étaient pour Descartes, la science suprême : elles ne constituent qu'une branche de la sociologie. Portant sur les plus simples d'entre les phénomènes, c'est-à-dire sur les plus abstraits et les plus généraux, elles sont parvenues tout d'abord à l'état de positivité rationnelle et ont eu l'avantage de fournir pendant longtemps le modèle des raisonnements bien liés, le type de la certitude. Une maturité si précoce n'allait pas sans risques : elle favorisait les orgueilleux excès de l'esprit d'analyse. Faute d'avoir compris que la science des grandeurs n'était la première de toutes que chronologiquement, ses adeptes oublient trop le caractère expérimental de ses données originelles. Les mathématiques partent des faits et doivent y retourner. Comte blâme les recherches de vaine curiosité qui n'ont pas pour but d'aboutir à un art. Non, certes, qu'il méconnaisse les exigences de la théorie, au point de la vouloir sans cesse consciemment orientée vers la pratique. Mais de deux choses l'une : ou bien les mathématiques sont un instrument de calcul, et ont alors une utilité directe, comme procédé de généralisation supérieure et applicable à tous les phénomènes ; ou bien on les envisage comme la forme la plus pure de la déduction, et, en ce cas, elles présentent une utilité indirecte : école de rigueur dans la pensée, elles sont une préparation pédagogique indispensable à l'étude des lois naturelles : faute d'être suffisamment mathématiciens, les chimistes et les biologistes tombent dans l'empirisme ; en l'étant trop ou plutôt en l'étant mal, ils n'éviteraient pas l'utopie. On ne voit guère comment certains critiques ont pu se méprendre ici sur le dessein de Comte et lui reprocher d'avoir tout ramené aux mathématiques. Lorsque les polytechniciens disaient de leur examinateur que le « père Comte avait mis Dieu même en équation, et ne

lui avait trouvé que des racines imaginaires »,
c'était une boutade d'écoliers qu'on aimerait à
ne pas retrouver sous la plume de philosophes.
En fait, Comte a formellement désapprouvé les
tentatives d'explication universelle qu'il jugeait
provenir de la conception la plus erronée sur les
rapports entre les phénomènes : bien loin d'appau-
vrir la réalité en la simplifiant à l'excès, et en la
faussant pour la faire entrer dans les formules
algébriques, il en montra la riche et progressive
complexité. A mesure qu'il s'achemine vers les
sciences les moins cultivées encore, et dont son
génie pressent la future méthode, il ne manque pas
d'indiquer ce que chaque catégorie de phénomènes ajoute de nouveau et d'irréductible aux
faits antérieurs.

L'astronomie suppose les données de l'observation visuelle ; une espèce aveugle l'ignorerait :
toute science est relative à l'humanité et aux
appareils sensoriels dont elle est douée. Mais le
savoir positif ne consiste pas en un amas de nota-
tions : combien insignifiantes sont les observations astronomiques si on les compare à une
ample théorie comme celle de Newton ! Et cependant la loi de gravitation elle-même n'est rien de
plus qu'un fait général. Il faut que l'esprit aille
au-devant de la nature, qu'il fabrique des hypothèses, afin de relier ce qu'il voit à ce qu'il devine.
Mais ces hypothèses doivent pouvoir être vérifiées

dans l'expérience, c'est-à-dire être exprimées sous forme de faits précis, dont toute la question sera de constater si, oui ou non, ils se produisent. L'astronomie a cet intérêt méthodologique de nous apprendre les conditions et les limites d'une bonne observation. En outre, elle nous présente le type même de la philosophie naturelle, car elle est l'application immédiate des lois mécaniques aux plus simples d'entre les réalités. Mais le meilleur profit que l'homme en tire, c'est surtout de ne pas se croire le centre des choses. A la notion d'un univers créé pour nous, l'astronomie substitue celle d'un monde qui est, parmi l'infinité des mondes sidéraux, le seul que nous puissions connaître, car il est le seul aussi dont les lois influent sur notre vie.

Le principe de finalité sera remplacé par celui des conditions d'existence, et la recherche des intentions divines, par celles des causes efficientes. L'astronomie nous débarrasse de la théologie et de la métaphysique.

Plus exactement, c'est là ce qui aurait lieu si l'éducation était dirigée de façon systématique. Mais on aborde la physique et la chimie sans préparation suffisante. Aussi ces deux sciences sont-elles bien éloignées, en l'état présent, de satisfaire à leur définition. Le premier service à leur rendre consiste à leur donner conscience, et de l'objet de leurs recherches, et des ressources logiques dont elles disposent. Il importe de soustraire la physique aux abus de l'esprit d'analyse qui la surcharge de doctrines inutilement abstraites et d'un fatras métaphysique. Quant à la chimie, elle se perd dans l'empirisme désordonné : sauf Berthollet, pas un savant de laboratoire ne comprend qu'une loi naturelle devrait assigner entre deux phénomènes un rapport tel qu'on puisse prévoir les variations de l'un en fonction des variations de l'autre. Comte raisonnera donc sur ce qu'il voudrait que fussent la physique et la chimie, actuellement si inférieures à leurs définitions. Il les ramène à la méthode expérimentale dont il formule la théorie. Il fixe les caractères d'une hypothèse positive plus complètement qu'il ne l'avait fait à propos de l'astronomie. Il indique enfin comment on pourrait procéder pour rendre rationnel l'art des nomenclatures, artifice propre de la science chimique.

La biologie supplée à l'incapacité où elle se trouve d'employer directement les mathématiques, et tourne les difficultés qu'elle rencontre dans l'application des méthodes expérimentales, en usant des classifications, qu'elle perfectionne au point qu'il faille toujours lui en demander le modèle. C'est sur ce type idéal, fourni par la biologie, que Comte se guidera pour disposer hiérarchiquement les connaissances. Il est même si épris d'ordre et d'immuabilité qu'il ne donne pas son

adhésion au transformisme : dans le débat entre
Cuvier et Lamarck, toutes ses préférences sont
pour Cuvier, la doctrine de la fixité des espèces
paraissant plus favorable à cet art d'attribuer
des rangs, à cette taxonomie, que Comte regarde
comme une partie essentielle des sciences de la matière organisée. Ce besoin d'ordre et de principes
stables pour la déduction lui a fait apercevoir l'importance de la doctrine de Bichat et l'avenir de
l'histologie : tous les changements dans les organes
et dans les fonctions proviennent de modifications
dont les tissus sont le siège. La biologie future
reposera tout entière sur la vraie distinction que
révèle la mécanique entre le point de vue statique
et le point de vue dynamique ; en d'autres termes,
elle connaîtra le rapport exact qui unit les lois
du mouvement aux lois de l'existence, la vie animale à la vie organique. Par là une prévision
régulière deviendra possible et l'on agira sur le
corps humain scientifiquement, au lieu de continuer à commettre les erreurs qui, depuis Molière,
ridiculisent l'empirisme médical.

La psychologie, ou physiologie phrénologique,
n'est qu'une dépendance de la biologie. Gall a su
rendre scientifique l'étude des fonctions intellectuelles et morales. Comte accepte ses idées et
écarte dédaigneusement la méthode introspective,
en lui reprochant d'être contradictoire, incomplète
vague et stérile. Il faut admettre la séparation et

la localisation des facultés du cerveau. Les lois
auxquelles on parviendra serviront de point de
départ à la physique sociale.

Toutes les sciences qui précèdent sont arrivées
à un état de positivité plus ou moins avancée, selon
qu'elles portaient sur des phénomènes plus ou
moins compliqués; il n'en est aucune qui ne
puisse citer à son actif la découverte de certaines
lois naturelles. Au contraire, la sociologie n'existe
nullement, et il était réservé à Comte de la fonder.
Il ne pouvait, en effet, y avoir science de l'évolution humaine tant que l'idée de progrès n'était
pas apparue, et il n'y a de progrès concevable que
si, trois termes au moins, permettant la comparaison entre les états sociaux, rendent possible
l'observation d'un mouvement continu. Après le
monde antique et le régime moderne, après le polythéisme et le monothéisme, la période révolutionnaire était indispensable pour que fût découverte la loi des trois états.

La méthode propre à la sociologie est la méthode
historique. Elle permet de constater les lois qui
devront être conformes au type de la nature
humaine déterminé par la biologie. Ainsi les
constatations de l'histoire sont vérifiées par leur
accord avec les données de la psychologie positive
Mais il est particulièrement difficile à la science
sociale d'exécuter ses observations : il lui faut la
plupart du temps construire des faits qu'elle ne

peut ni atteindre immédiatement ni reproduire expérimentalement. Elle utilise pour cela les résultats de toutes les sciences et leurs divers procédés ; mais elle doit encore y joindre un nouvel artifice : l'exploration comparative, grâce à laquelle on retrouve les intermédiaires disparus entre deux phases de l'évolution. L'idéal, ici comme en biologie, comme dans toutes les sciences, serait de pouvoir déduire les lois du mouvement en partant de celles de l'existence. Mais la seule loi sociologique connue jusqu'à présent est, selon Comte, celle qu'il a formulée, la loi des trois états ; or elle se rapporte à l'évolution des sociétés, non à leur structure. La proposition essentielle de la dynamique sociale est trouvée. Il faudrait maintenant travailler à la statique. C'est ce que Comte a fait, moins dans le *Cours*, que dans le *Système de politique positive*.

Si brève que soit cette revue de la philosophie scientifique chez Comte, elle permet cependant d'essayer d'en comprendre les tendances principales.

Que faut-il entendre au juste par la méthode positive ? Est-ce un empirisme et s'agit-il d'enregistrer des faits, l'esprit étant placé vis-à-vis du monde extérieur comme un appareil photographique et n'ayant d'autre rôle que d'imiter les séries de phénomènes par des associations d'idées ? Non, bien manifestement, car nous avons vu et nous

verrons dans le commentaire avec plus de précision,
que la science se compose de lois, et non point de
faits, qu'en outre, nulle observation ne saurait
avoir lieu sans théories préalables, sans hypothèses. La pensée construit le réel et part d'abstractions beaucoup plutôt que de faits concrets.
D'un autre côté, l'esprit positif est aussi hostile à
l'apriorisme qu'à l'empirisme : Comte refuse de
se demander ce que c'est qu'une cause ; le mode
de productivité d'un phénomène par un autre n'est
pas objet de science, mais de métaphysique.
Comte ne cherche que les rapports entre les faits.
Il est vrai que ces relations constantes, ces lois,
il les soumet à une élaboration ultérieure et il
affirme qu'une science est d'autant plus cohérente
qu'elle a pu rattacher toutes les lois à un fait plus
général. Expliquer, c'est abstraire, et c'est réduire.
Réduire à quoi ? Le positivisme transforme l'absolu en relatif, mais il exige que cette relativité
soit rationnelle, c'est-à-dire enfin qu'une loi est
expliquée lorsqu'elle a été incorporée à une doctrine d'ensemble, qui elle-même trouve sa raison
dernière dans la pensée de l'Humanité. Un savoir
est positif dans la mesure où l'on arrive à le déduire
d'une vérité sociologique. La méthode positive
par excellence, c'est la méthode subjective, qui fait
dépendre toutes les lois des conditions d'existence
et de progrès du Grand-Être, et qui envisage toutes
les sciences comme des branches de la sociologie.

La philosophie de Comte s'appuie sur la loi des trois états pour exclure à l'avenir, tout en conservant leurs résultats acquis, la théologie et la métaphysique. La théologie ne fut qu'une personnification naïve des phénomènes, un anthropomorphisme d'imagination et de sentiment. On lui saura gré toutefois d'avoir provoqué et guidé les observations de l'homme primitif qui, sans hypothèse directrice, n'aurait point essayé de rien comprendre à la nature. La métaphysique est trop abstraite et trop critique, par conséquent écartée du réel et incapable d'organiser. Mais ces dispositions négatives ont été utiles pour ruiner l'influence des théologiens en révélant leurs inconséquences et pour préparer les esprits au positivisme, en favorisant indirectement les recherches exactes qu'opprimait une religiosité trop intimement mêlée aux faits, et selon laquelle la science ne pouvait être que sacrilège.

Tous les préjugés dont l'humanité s'est successivement débarrassée trouvant de la sorte, aux yeux de Comte, leur place dans le progrès et leur justification, avons-nous à faire à un optimiste systématique ? On serait porté à le croire lorsqu'il affirme qu'il y a toujours harmonie entre nos besoins et les ressources intellectuelles dont nous disposons, si bien qu'un phénomène inconnaissable est, selon le positivisme, un phénomène que nous n'avons aucun intérêt à connaître parce qu'il n'exerce point d'influence sur nous. De même, si un ordre de faits est d'autant plus modifiable qu'il est plus complexe, si nous gagnons en force d'action ce que nous perdons en rigueur de raisonnement, il faut avouer que le monde est bien combiné pour notre existence. Mais n'allons pas en concevoir le moindre orgueil. Si le monde était autrement organisé, nous n'y pourrions vivre ; de toute nécessité il est habitable, puisque nous l'habitons, seulement nous ne trouvons pas en lui et dans la philosophie objective la notion d'un but vers lequel il tend. Le seul principe directeur des recherches scientifiques, c'est celui des conditions d'existence, et non point celui de finalité. Du point de vue subjectif, il en va tout autrement : je puis assigner une fin à mes actes, parce que je sais vers quel but s'oriente l'évolution humaine. L'optimisme de Comte ne porte pas sur l'architecture cosmique, mais sur l'altruisme naturel de l'homme dont la politique positive assurera l'exercice et le développement.

Science dominante et qui se subordonne toutes les autres connaissances, la sociologie va régler définitivement leurs méthodes et jusqu'aux progrès rationnels de leurs doctrines, car Auguste Comte estimait qu'une saine théorie historique parviendrait à prévoir les découvertes. En tout cas, si l'esprit humain est l'esprit d l'humanité dans son ensemble, il devient impossible de le

connaître indépendamment de son évolution.
Il n'y a pas de logique séparée de l'histoire
des sciences. Chaque procédé de méthode doit
être étudié en son rang, c'est-à-dire à propos
de la science qui l'a porté à son plus haut point
de perfection : la rigueur déductive en mathéma
tiques, l'observation en astronomie, l'expérimentation et l'hypothèse en physique, les nomenclatures en chimie, la classification en biologie, la
comparaison et l'histoire en physique sociale; c'est
là tout un plan d'éducation rationnelle, toute une
pédagogie, où Comte croit sauvegarder également
les exigences de la constatation objective et les
besoins de la pensée subjective. Il attendait de ce
plan certains résultats, parmi lesquels la réforme
des sciences, dont nous avons vu en quoi elle consisterait, et la réorganisation de l'art, de la politique et de la morale dont il reste à parler.

Le positivisme offre à l'art de dignes motifs en
lui donnant de nouvelles croyances à célébrer. La
ruine du monothéisme catholique avait eu pour
conséquence un véritable désarroi des esprits et
des cœurs : à quels sentiments l'artiste pouvait-il
s'adresser dans le public, quelles idées eût-il
espéré faire naître durant l'anarchie révolutionnaire et les incertitudes de la rétrogradation?
L'émotion esthétique suppose l'harmonie entre
les hommes. L'artiste positif célébrera l'Humanité
sage et bienveillante, et, grâce à la réforme intel-

lectuelle et affective il trouvera un public préparé
à le comprendre.

Le positivisme rend la politique rationnelle
parce qu'il la fait dépendre des sciences qui doivent
la diriger. Les politiciens, jusqu'à Comte, ont tourné
le dos au chemin qu'il leur fallait suivre : ils ont
prétendu réformer les institutions avant les mœurs,
comme si les actes ne provenaient pas des croyances,
et les croyances des idées. Le grand principe politique doit être la séparation entre l'autorité tem-
porelle et l'autorité spirituelle. Cette distinction
nécessaire correspond à celle qu'il faut toujours
concevoir entre chaque science abstraite et l'art
pratique qui se guide sur ses préceptes. La série
des conséquences s'explique toute seule si l'on
songe au principe. La société sera partagée en trois
classes. Les savants exerceront le pouvoir législa-
tif en ce qui concerne l'éducation, mais n'auront
qu'un rôle consultatif quand il s'agira du gouvernement. On recrutera les gouvernants parmi
les banquiers qui se trouvent avoir sur les
affaires publiques la plus grande généralité de
vues compatible avec le moindre éloignement de
la réalité concrète. Ils ne feront que donner leur
avis aux philosophes positifs, lorsque ces derniers
le leur demanderont, au sujet d'un problème
d'éducation; mais ils seront les maîtres du pouvoir exécutif. Enfin les prolétaires seront soumis
aux chefs d'industrie, sans jamais s'en juger avilis

dans leur dignité, ni lésés dans leurs intérêts, grâce au souci constant que le positivisme imposera aux capitalistes de remplir leurs obligations. D'ailleurs le pouvoir spirituel est là pour servir d'intermédiaire entre les riches et les ouvriers. Des liens d'estime et de confiance réciproque unissent les savants à la classe laborieuse : le bon sens n'est-il pas dans la pratique l'équivalent de ce qu'est l'esprit scientifique dans la théorie ? Même dédain pour les chimères invérifiables, même idée de la casualité efficiente. Puis les services mutuels que se rendent les penseurs et les prolétaires achèveront de leur apprendre à s'aimer les uns les autres. Dans l'amour d'autrui et dans le respect du devoir est le moyen de mettre un terme aux querelles qu'envenimèrent les publicistes L'erreur du communisme consiste à ne pas comprendre que la question sociale est avant tout une question morale.

Réformez les sciences et la morale, vous aurez, par contre-coup, réorganisé la société. Comment Comte se représente-t-il la théorie positive des mœurs ?

Il observe la crise que subissent les consciences contemporaines et croit en découvrir la cause dans un trouble intellectuel : la morale fondée sur les croyances théologiques est en train de s'effondrer ; la morale positive n'est pas encore en honneur. D'où une incertitude dans les jugements

et dans les actes. Mais il suffira que la vérité
soit trouvée une fois, et par un seul esprit, pour
que tous les autres esprits l'acceptent et lui subordonnent leur conduite. Comte ne met pas en
doute l'efficacité de son système.

Quels sont plus précisément les maux auxquels
il s'agit de porter remède?

D'abord l'anarchie intellectuelle. C'est l'époque
des divagations. On parle de supprimer la mon-
naie, la peine de mort, les grandes capitales.
Autant d'utopies, en faveur desquelles on trouve
cependant des fantômes d'arguments, et cela
parce que les questions politiques n'appartiennent
pas à une classe de spécialistes qualifiés, mais
à tout le monde, c'est-à-dire à l'incompétence
et au bavardage. La morale privée est profondément atteinte, la famille étant déjà menacée par
l'ébranlement des principes religieux; le mariage
est en train de se dissoudre sous l'influence des
Saint-Simoniens; certains vont chercher un sujet
de vanité dans le honteux esclavage où les ont
réduits leurs passions. Quant à la morale publique, on la définit d'un mot : corruption.
Aucune règle ne faisant converger les volontés
vers le bien général, en l'absence de convictions
systématiques communes à tous les hommes, de
quelle façon les gens au pouvoir obtiendraient-ils
l'accord dont ils ont besoin pour gouverner,
sinon en s'adressant à la vénalité des consciences ?

Comme il n'y a pas de haute doctrine qui occupe les pensées, les hommes ne songent plus qu'à leurs intérêts matériels. Manquant d'une éducation qui les mette en mesure de discerner le vrai mérite, ils se font les clients inconstants des publicistes, race méprisable qu'enfanta la Révolution et qui lui survit fâcheusement. Partout le vain talent d'expression se substitue à la valeur profonde du savoir positif. Les divers partis manquant de terrain d'entente s'opposent en exploitant les uns contre les autres les passions haineuses. L'individualisme exalté s'exprime par la revendication révolutionnaire des droits.

Or nous n'avons aucun droit, nous n'avons que des devoirs. *L'individu n'est qu'une abstraction, l'Humanité seule est réelle.* Le principe de la réforme des mœurs, c'est de faire comprendre à l'homme qu'il n'existe que par l'humanité et pour elle. Cela revient à dire que seul le positivisme peut créer une morale. C'est le fondateur de la sociologie sociale qui a dégagé l'idée de solidarité ou de dépendance mutuelle, d'autant plus étroite que les phénomènes entre lesquels elle se produit sont plus complexes, et qui atteint donc son suprême développement, sa souveraine efficacité, dans le cas des faits sociaux. Motif moral d'autant plus nouveau que la théologie ne pouvait l'admettre sans se détruire elle-même : rapporter la règle de la conduite à l'humanité, l'eût soustraite à l'empire absolu des divins décrets.

Mais si l'on compare la nouvelle morale à celle dont la ruine définitive n'est plus qu'une question de temps, on la reconnaîtra bien supérieure en stabilité et en efficacité. L'idée de Dieu était caduque et passagère, puisqu'elle ne traduisait aucun fait positif. L'amour de l'homme pour l'Humanité est indestructible ; les progrès de l'intelligence, loin de le diminuer, l'augmenteront sans cesse et le fortifieront à mesure qu'ils feront mieux comprendre à l'individu sa dette à l'égard des morts, son devoir envers le présent et l'avenir. L'immortalité tant désirée, l'homme ne l'attendra plus d'une indulgence douteuse et d'une vie future problématique : il la conquerra par un effort humble et continu pour mériter de se survivre dans la reconnaissance de ses descendants.

Le catholicisme, en son ignorance des lois naturelles, a fait à l'humanité un tort que réparera la morale positive. Pourquoi l'homme serait-il primitivement mauvais et égoïste ? Il faut placer, à l'origine de la société, non point un égoisme calculateur, mais au contraire un instinct sociable et altruiste, l'affectivité, la sympathie. En effet, l'utilité des groupements sociaux n'apparaissant qu'au cours de l'évolution, ne saurait avoir été recherchée comme fin dès le début de ces groupements. D'ailleurs la phrénologie a établi, par l'étude de la structure cérébrale, la prédominance des fonctions affectives. Elles jouent le rôle de stimulant des facultés intellectuelles, qui sont celles dont l'homme a le plus besoin, mais celles aussi qu'il se sent le moins porté à exercer. L'affectivité oriente et dirige l'intelligence. La coordonner, la systématiser, ce serait avoir accompli la systématisation universelle.

Cette organisation définitive, que doit achever le positivisme, n'était pas possible avant lui et ne le sera jamais hors de lui, car il faut, pour être efficace, qu'elle se règle sur l'ordre objectif et sur l'immuabilité des lois naturelles. La philosophie des sciences devait être formulée avant la morale. A l'avenir, l'altruisme pourra enfin être méthodiquement cultivé. La philosophie positive nous révèle et nous garantit un accord profond entre notre raison et notre cœur ; elle nous montre dans l'idée de solidarité la justification de nos tendances sympathiques. « L'amour, dit Comte, est le seul sentiment moral, car seul il tend à faire prévaloir la sociabilité sur la personnalité. » Le positivisme peut prendre comme devise : *l'amour pour principe, l'ordre pour base et le progrès pour but.*

III

INFLUENCE DE LA PHILOSOPHIE DE COMTE

Dans quelle mesure la science et la philosophie contemporaines paraissent-elles avoir subi l'action du comtisme ?

Comte n'a pas été bon prophète en matière de science. Les spécialistes compétents disent qu'il n'était pas au courant de l'état des connaissances à son époque. Il n'avait pas le temps de lire. Dès la trentième année, il cesse de développer sa culture scientifique. Il éprouve, à mesure qu'il avance en âge, une défiance croissante de toute nouveauté, qui lui fait par exemple condamner la « prétendue » géologie et l'usage du microscope dans l'étude des cellules organiques. Nous ne pouvons admettre avec lui que tout problème inaccessible soit un problème oiseux. Toutes les questions maintenant résolues n'ont-elles pas commencé par sembler insolubles, et devons-nous juger de la valeur d'une méthode uniquement par son succès immédiat? Telle est bien, au fond, la pensée de Comte, et la cause du démenti que lui inflige la science contemporaine. Il a prétendu arrêter le développement de la science au nom de la sociologie. Pressé d'aboutir à la pratique et de constituer un corps de doctrine, un *catéchisme* qui réaliserait l'unité des pensées, il oublie que lui-même a montré le caractère relatif, approximatif de la vérité. En quête d'articles de foi, il voudrait que le rôle du chercheur fût, sinon terminé, du moins subordonné à celui de l'organisateur. Que la dispersion des travaux soit déplorable, que ces travaux ne révèlent souvent chez leurs auteurs qu'une vaine curiosité, nous devons convenir qu'il y a là un mal· dont on n'a pas encore trouvé le remède; mais nous voyons, dans ces inconvénients de la division des efforts, une rançon de la liberté et des progrès de la science. L'idée nous est devenue étrangère d'une science officielle, dogmatique, figée, et qui garnirait nos cerveaux de vérités absolues.

Car c'est bien à l'absolu qu'en revient Comte finalement. D'avoir tant blâmé l'esprit métaphysique ne l'a pas empêché de faire, à son tour, de la métaphysique. On a montré qu'il y avait, dans sa philosophie des sciences, toute une ontologie implicite, et qu'un métaphysicien seul pouvait s'aviser par exemple de contraindre l'optique à traiter la lumière comme un fait irréductible[1]. L'Humanité devient pour lui la raison première et l'ultime fin de toutes choses. C'est par rapport à

1. BELOT, *op. cit.*

elle qu'il élimine, juge et légifère. L'Absolu dans le système de Comte, c'est l'Humanité. Pas un philosophe ne s'est moins que lui placé au point de vue critique et interrogé sur la valeur des principes de notre connaissance. La science, selon lui, est un fait historique, qu'il faut étudier comme donné, sans en scruter l'origine ni en sonder la portée.

Nul, à vrai dire, n'aborda la réflexion méthodique avec une préparation plus pauvre : il semble n'avoir pas lu Kant qu'il réfute à faux et ne connaît de Descartes que sa géométrie. Le rapprochement qui s'opère de nos jours entre la métaphysique et la science lui eût été odieux. Il n'aurait pas feuilleté *la Revue de Métaphysique et de Morale* sans crier à l'aberration, et des ouvrages comme ceux de MM. H. et L. Poincaré et E. Picard, il les eût attribués à la funeste influence de ce qu'il appelle dédaigneusement le *régime académique*. Il était donc aussi loin que possible de prévoir l'évolution de la philosophie générale dans ses rapports avec la science, et il ne paraît pas avoir exercé sur elle une action importante.

Pour des motifs analogues, la critique qu'il en a faite n'a pas ruiné la méthode introspective en psychologie. Comte ignorait que certaines objections qu'il considérait comme victorieuses avaient déjà été examinées et écartées par les psychologues ; il ne s'est pas aperçu, faute toujours de se placer au point de vue critique, qu'elles portaient, pour la plupart, aussi bien contre l'étude objective des phénomènes internes, et qu'elles n'avaient pas plus de valeur dans un cas que dans l'autre.

Mais enfin la philosophie des sciences n'est qu'une partie du positivisme, une phase préparatoire de l'*élaboration politique*. Comte n'a pas fait de critique de la connaissance, mais il a construit une morale et fondé la sociologie. On fera observer que sa morale est assez confuse et qu'on n'arrive pas notamment à décider si elle constitue une technique subordonnée ou une science dominante Ce mérite cependant reste acquis au positivisme d'avoir montré le parti qu'on pouvait tirer de l'idée et du sentiment de solidarité, pour diriger la conscience humaine. Nombre de moralistes contemporains relèvent en ce point d'Auguste Comte. Tout ce qu'il a dit contre l'individualisme doit être retenu. La valeur morale qu'il attache au sentiment de la vénération, au culte des grands hommes, ses aspirations vers la paix universelle, ne sont point choses négligeables, ni qui manquent d'actualité.

Le meilleur titre de Comte à la reconnaissance des philosophes contemporains, c'est encore sa contribution à la sociologie dont il a nettement indiqué l'idée première et entrevu la méthode. Les détails de ses interprétations historiques ne demeurent pas vrais ; la loi fondamentale qu'il

croit avoir découverte est beaucoup trop vague et
a le tort grave de prétendre nous amener à regarder comme définitive, une période peut-être passagère de l'évolution humaine. Enfin les sociologues de nos jours n'en sont plus à croire que
l'on puisse fonder leur science d'un seul coup.
Reste que Comte appliqua le principe déterministe
aux phénomènes sociaux et, le premier, comprit
que la conscience collective n'est pas simplement
la somme des âmes individuelles.

Ch. LE VERRIER.

AVERTISSEMENT DE L'AUTEUR

POUR LA PREMIÈRE ÉDITION

Ce cours, résultat général de tous mes travaux, depuis ma sortie de l'école Polytechnique, en 1816, fut ouvert pour la première fois en avril 1826. Après un petit nombre de séances[1], une maladie grave m'empêcha, à cette époque, de poursuivre une entreprise encouragée, dès sa naissance, par les suffrages de plusieurs savants de premier ordre, parmi lesquels je pouvais citer dès lors MM. Alexandre de Humboldt, de Blainville et Poinsot, membre de l'Académie des Sciences, qui voulurent bien suivre avec un intérêt soutenu l'exposition de mes idées. J'ai refait ce cours en entier l'hiver dernier, à partir du 4 janvier 1829, devant un auditoire dont avaient daigné faire partie M. Fourier, secrétaire perpétuel de l'Académie des Sciences, MM. de Blainville, Poinsot, Navier membres de la même Académie, MM. les professeurs Broussais, Esquirol, Binet, etc., auxquels je

1. Voir l'*Introduction*, p. xiv.

dois ici témoigner publiquement ma reconnaissance pour la manière dont ils ont accueilli cette
nouvelle tentative philosophique.

Après m'être assuré par de tels suffrages que ce
cours pouvait utilement recevoir une plus grande
publicité, j'ai cru devoir, à cette intention, l'exposer cet hiver à l'Athénée royal de Paris, où il
vient d'être ouvert le 9 décembre. Le plan est
demeuré complètement le même ; seulement les
convenances de cet établissement m'obligent à restreindre un peu les développements de mon cours.
Ils se trouvent tout entiers dans la publication que
je fais aujourd'hui de mes leçons, telles qu'elles
ont eu lieu l'année dernière.

Pour compléter cette notice historique, il est
convenable de faire observer, relativement à
quelques-unes des idées fondamentales exposées
dans ce cours, que je les avais présentées antérieu-
rement dans la première partie d'un ouvrage intitulé *Système de politique positive*[1], imprimée à cent
exemplaires en mai 1822, et réimprimée ensuite,
en avril 1824, à un nombre d'exemplaires plus
considérable. Cette première partie n'a point en-

---

1. Il ne faut pas confondre cette première ébauche avec le
Système de politique positive, en quatre volumes, publié de
1851 à 1854. Pour le titre primitif que portait cet opuscule,
cf. p. XII, n. 1.

core été formellement publiée, mais seulement communiquée, par la voie de l'impression, à un grand nombre de savants et de philosophes européens.

J'ai cru nécessaire de constater ici la publicité effective de ce premier travail, parce que quelques idées offrant une certaine analogie avec une partie des miennes se trouvent exposées, sans aucune mention de mes recherches, dans divers ouvrages publiés postérieurement, surtout en ce qui concerne la rénovation des théories sociales. Quoique des esprits différents aient pu, sans aucune communication, comme le montre souvent l'histoire de l'esprit humain, arriver séparément à des conceptions analogues en s'occupant d'une même classe de travaux, je devais néanmoins insister sur l'antériorité réelle d'un ouvrage peu connu du public, afin qu'on ne suppose pas que j'ai puisé le germe de certaines idées dans des écrits qui sont, au contraire, plus récents.

Plusieurs personnes m'ayant déjà demandé quelques éclaircissements relativement au titre de ce cours, je crois utile d'indiquer ici, à ce sujet, une explication sommaire.

L'expression *philosophie positive* étant constamment employée, dans toute l'étendue de ce cours,

suivant une acception rigoureusement invariable,
il m'a paru superflu de la définir autrement que
par l'usage uniforme que j'en ai toujours fait. La
première leçon, en particulier, peut être regardée
tout entière comme le développement de la définition exacte de ce que j'appelle la *philosophie
positive*. Je regrette néanmoins d'avoir été obligé
d'adopter, à défaut de tout autre, un terme comme
celui de *philosophie*, qui a été si abusivement em-
ployé dans une multitude d'acceptions diverses.
Mais l'adjectif *positive*, par lequel j'en modifie le
sens, me paraît suffire pour faire disparaître,
même au premier abord, toute équivoque essentielle, chez ceux, du moins, qui en connaissent
bien la valeur. Je me bornerai donc, dans cet
avertissement, à déclarer que j'emploie le mot
philosophie, dans l'acception que lui donnaient les
anciens, et particulièrement Aristote, comme dé-
signant le système général des conceptions humaines ; et, en ajoutant le mot *positive*, j'annonce
que je considère cette manière spéciale de philosopher qui consiste à envisager les théories, dans
quelque ordre d'idées que ce soit, comme ayant
pour objet la coordination des faits observés[1], ce

1. Pour la philosophie positive, les théories n'ont donc pas
de valeur absolue, mais doivent toujours être relatives aux
faits. Cette attitude positive — que nous aurons à définir
plus en détail en l'étudiant à propos de ses principales applications — présente deux caractéristiques essentielles.

qui constitue le troisième et dernier état de la philosophie générale, primitivement théologique et ensuite métaphysique, ainsi que je l'explique dès la première leçon.

Il y a, sans doute, beaucoup d'analogie entre ma *philosophie positive* et ce que les savants anglais entendent, depuis Newton surtout, par *philosophie naturelle*. Mais je n'ai pas dû choisir cette dernière dénomination, non plus que celle de *philosophie des sciences* qui serait peut-être encore plus précise, parce que l'une et l'autre ne s'entendent pas encore de tous les ordres de phéno-

1° Au point de vue logique, le positivisme subordonne l'imagination et la dialectique à l'*observation*. Cette subordination a pour cause le sentiment des lois naturelles, qu'il s'agit de connaître telles qu'elles sont, et non pas de reconstruire ou d'inventer; 2° Au point de vue scientifique, le positivisme substitue la notion du *relatif* à celle de l'absolu. Comte estime qu'une pareille substitution ne pouvait être achevée que par la fondation de la sociologie comme science. En effet, les sciences antérieures avaient bien montré que nos conceptions sont relatives à notre organisme et au milieu dans lequel nous vivons. Mais ce n'était là qu'une étude *statique*. Il fallait une recherche *dynamique* portant sur l'évolution, pour nous révéler que le développement intellectuel de l'humanité est assujetti à une loi. La démonstration de cette loi nous contraint de renoncer à l'espoir chimérique de jamais atteindre une vérité absolue. La vérité est relative à chaque époque et s'exprime dans les théories qui systématisent le mieux, aux différents moments de l'histoire, l'ensemble des observations et des connaissances.

mènes[1], tandis que la *philosophie positive*, dans
laquelle je comprends l'étude des phénomènes
sociaux aussi bien que de tous les autres, désigne
une manière uniforme de raisonner applicable à
tous les sujets sur lesquels l'esprit humain peut
s'exercer. En outre, l'expression *philosophie naturelle* est usitée, en Angleterre, pour désigner
l'ensemble des diverses sciences d'observation,
considérées jusque dans leurs spécialités les plus
détaillées; au lieu que par *philosophie positive*,
comparée à *sciences positives*, j'entends seulement
l'étude propre des généralités des différentes
sciences, conçues comme soumises à une méthode
unique, et comme formant les différentes parties
d'un plan général de recherches. Le terme que j'ai
été conduit à construire est donc, à la fois, plus
étendu et plus restreint que les dénominations,
d'ailleurs analogues, quant au caractère fondamental des idées, qu'on pourrait, de prime abord,
regarder comme équivalentes.

1. La *physique sociale* n'est pas encore regardée comme
une science. Les travaux de Comte ont précisément pour
but de combler cette lacune.

COURS

DE

PHILOSOPHIE POSITIVE

PREMIÈRE LEÇON

Exposition du but de ce cours, ou considérations générales sur la nature et l'importance de la philosophie positive.

Sommaire : I. Objet de la première leçon : définir le but et la nature de la philosophie positive. — II. Loi des trois états : *théologique, métaphysique, positif;* caractéristiques de chacun de ces états. — III. Démonstration de la loi des trois états : 1° preuves *historiques;* 2° preuves *théoriques.* — IV. Nature de la philosophie positive : *principe des lois;* les *explications* positives. — V. Bref historique du positivisme. — VI. Situation actuelle ; seule, la *Physique sociale* reste à fonder. — VII. Nécessité d'une systématisation des sciences ; rôle et esprit de la philosophie positive dans cette réorganisation de l'ensemble des connaissances. — VIII. Avantages d'un tel travail : 1° découverte rationnelle des lois de l'esprit humain ; critique de la méthode subjective en psychologie ; 2° refonte des méthodes d'éducation ; 3° contribution aux progrès des sciences spéciales ; 4° réorganisation de la société. — IX. Résumé. — X. Impossibilité de réduire à une loi unique l'explication de tous les phénomènes.

I. — L'objet de cette première leçon est d'exposer nettement le but du cours, c'est-à-dire de déterminer exactement l'esprit dans lequel seront considérées les diverses branches fondamentales de la philosophie naturelle[1], indiquées par le programme sommaire que je vous ai présenté.

1. Synonyme de *philosophie positive,* philosophie portant sur les faits donnés dans la nature.

Sans doute, la nature de ce cours ne saurait être complètement appréciée, de manière à pouvoir s'en former une opinion définitive, que lorsque les diverses parties en auront été successivement développées [1]. Tel est l'inconvénient ordinaire des définitions relatives à des systèmes d'idées très étendus, quand elles en précèdent l'exposition. Mais les généralités peuvent être conçues sous deux aspects, ou comme aperçu d'une doctrine à établir, ou comme résumé d'une doctrine établie. Si c'est seulement sous ce dernier point de vue qu'elles acquièrent toute leur valeur, elles n'en ont pas moins déjà, sous le premier, une extrême importance, en caractérisant dès l'origine le sujet à considérer [2]. La

1. Il n'y a pas d'esprit plus systématique que celui de Comte. Il faut bien s'en convaincre : chacune de ses idées n'acquiert son véritable sens que lorsqu'on est parvenu à la mettre en la place exacte qu'elle doit occuper relativement à l'ensemble de la doctrine. On verra plus loin l'importance toute spéciale que Comte attache au mode *historique* d'exposition. Il s'agit ici des méthodes et des résultats généraux des sciences. Or une méthode ne doit jamais être étudiée *in abstracto*, mais bien à propos de la science qui l'a le plus utilisée. C'est donc seulement quand toutes les méthodes auront été formulées, et les résultats de toutes les sciences examinés, que l'on pourra se faire une idée juste sur le *Cours de philosophie positive*.

2. Les phénomènes sont complexes et les ressources de l'esprit humain limitées. En présence de cette complexité, il faudra, dans chaque cas, dégager le phénomène le plus simple possible, et l'étudier tout d'abord à part, quitte à revenir ensuite aux phénomènes complexes réellement donnés. C'est à cette nécessité que répond l'*abstraction*. Par exemple, en géométrie, on fait abstraction des propriétés physiques des corps

circonscription générale du champ de nos recherches, tracée avec toute la sévérité possible, est, pour notre esprit, un préliminaire particulièrement indispensable dans une étude aussi vaste et jusqu'ici aussi peu déterminée que celle dont nous allons nous occuper. C'est afin d'obéir à cette nécessité logique que je crois devoir vous indiquer, dès ce moment, la série des considérations fondamentales qui ont donné naissance à ce nouveau cours, et qui seront d'ailleurs spécialement développées, dans la suite, avec toute l'extension que réclame la haute importance de chacune d'elles.

afin de n'avoir à raisonner que sur leur forme et sur leur grandeur. L'espace n'est qu'une image fondamentale résultant de ce qu'au lieu d'envisager l'étendue *dans* les corps nous la concevons comme le *milieu indéfini* des corps. De même les notions de *surface* et de *ligne* correspondent à des abstractions commodes. Nous les formons afin de pouvoir penser à l'étendue soit dans deux sens, soit dans un seul sens. En mécanique, l'idée *d'inertie* (incapacité des corps à modifier l'action des forces qui s'exercent sur eux) n'est qu'une abstraction ; elle est physiquement fausse, car tous les corps, même inanimés, manifestent une activité spontanée.

En astronomie, les phénomènes *géométriques* et *mécaniques* des corps célestes sont envisagés comme si ces corps ne pouvaient pas présenter des phénomènes d'un autre ordre, ce qui est faux. En biologie, l'emploi de la méthode comparative exige que l'on ait dégagé un type abstrait de structure anatomique ou de fonction physiologique, auquel ensuite on comparera tous les autres types de la série, en les considérant soit comme des complications, soit comme des simplifications graduelles. Ces exemples montrent que c'est chez Comte un procédé constant que de limiter dès l'origine le sujet des recherches. Des abstractions préalables sont nécessaires en philosophie comme dans toutes les sciences.

II. — Pour expliquer convenablement la véritable nature et le caractère propre de la philosophie positive, il est indispensable de jeter d'abord un coup d'œil général sur la marche progressive de l'esprit humain, envisagée dans son ensemble ; car une conception quelconque ne peut être bien connue que par son histoire[1].

En étudiant ainsi le développement total de l'intelligence humaine dans ses diverses sphères d'activité, depuis son premier essor le plus simple jusqu'à nos jours, je crois avoir découvert une grande loi fondamentale[2], à laquelle il est assujetti par une nécessité invariable, et qui me semble pouvoir être solidement établie, soit sur les preuves rationnelles fournies par la connaissance de notre organisation, soit sur les vérifications historiques résultant d'un examen attentif du passé[3]. Cette loi consiste en ce que chacune de nos con-

1. A cause de l'intime liaison qui existe entre les différents esprits. La diversité individuelle des cerveaux n'est qu'une apparence. L'humanité est un grand Être qui se développe continuellement. Une pensée ne peut donc être comprise que si on la rapporte à l'Humanité dans son ensemble, c'est-à-dire si l'on en fait l'histoire.

2. C'est la célèbre « Loi des trois états » la loi la plus générale et la plus essentielle de la science sociale, car seule l'histoire de l'évolution intellectuelle permet de comprendre toutes les autres évolutions. En ce qui concerne le passage d'un état à l'autre, v. ci-après le commentaire du *Discours sur l'esprit positif*, p. 211-222, 233-237.

3. Les leçons sur la *Physique sociale* (leçons 46-52) contiennent une double démonstration de la loi des trois états : 1° psychologique; 2° historique. La démonstration psychologique déduit cette loi de la connaissance de la nature humaine. Voici comment. Comte invoque des motifs intellectuels

ceptions principales, chaque branche de nos connaissances, passe successivement par trois états théoriques
différents : l'état théologique, ou fictif; l'état métaphysique, ou abstrait; l'état scientifique, ou positif. En
d'autres termes, l'esprit humain, par sa nature, emploie
successivement dans chacune de ses recherches trois
méthodes de philosopher, dont le caractère est essentiellement différent et même radicalement opposé :
d'abord la méthode théologique, ensuite la méthode métaphysique, et enfin la méthode positive. De là, trois
sortes de philosophies, ou de systèmes généraux de
conceptions sur l'ensemble des phénomènes, qui
s'excluent mutuellement; la première est le point de
départ nécessaire de l'intelligence humaine; la troisième, son état fixe et définitif; la seconde est uniquement destinée à servir de transition.

moraux, sociaux. Au point de vue intellectuel, il n'y a pas
d'observation possible sans une hypothèse directrice. La
philosophie théologique a été nécessairement la première
explication des phénomènes, parce qu'elle est la plus naturelle, la seule qui n'en suppose pas d'autre avant elle. En
effet elle consiste à interpréter les phénomènes comme *résultant de volontés analogues à la volonté humaine*. Or, l'homme
a immédiatement conscience de son effort et de ses volitions.
Au point de vue moral, la théologie était nécessaire pour
exciter et soutenir le courage de l'homme en face de l'univers et pour éveiller nos facultés spéculatives en nous pro-
mettant l'empire du monde. — Socialement, il fallait un
ensemble de croyances communes pour l'organisation des
premiers groupements : la théologie a fourni d'emblée ces
croyances auxquelles tous ont adhéré; et elle a permis
la création et la prépondérance d'une classe spéculative,

Dans l'état théologique, l'esprit humain dirigeant essentiellement ses recherches vers la nature intime des êtres, les causes premières et finales de tous les effets qui le frappent, en un mot, vers les connaissances absolues[1], se représente les phénomènes comme produits par l'action directe et continue d'agents surnaturels plus ou moins nombreux, dont l'intervention arbitraire[2] explique toutes les anomalies apparentes de l'univers.

Dans l'état métaphysique, qui n'est au fond qu'une

adonnée aux recherches théoriques, la classe sacerdotale. Telle est la démonstration psychologique. On voit que ce serait une erreur de croire que Comte opère cette déduction sur le sujet humain *individuel*. Comte ne croit pas à l'efficacité de la méthode introspective. C'est le sujet *universel* qu'il considère, et sa psychologie de l'intelligence s'appuie *sur les résultats de l'application de l'intelligence aux faits.* Quant aux preuves historiques, elles consistent dans l'examen de la hiérarchie et du progrès des sciences. On pourrait objecter à la loi des trois états que ces divers modes de philosophie se rencontrent parfois simultanément dans un même esprit. L'étude du développement des sciences répond à cette objection en montrant que, selon l'ordre général, les premières d'entre elles ont pu parvenir a l'état positif, tandis que les suivantes s'attardaient encore dans la phase théologique ou théologico-métaphysique. On ne peut pas indiquer de science dont l'évolution ait suivi l'ordre inverse, c'est-à-dire ait commencé par l'état positif pour finir par l'état théologique. L'histoire vérifie donc bien les raisonnements de la psychologie.

1. C'est-à-dire *non subordonnées aux faits.*
2. L'intervention des agents surnaturels est arbitraire, en ce sens qu'elle n'est pas régie par des lois invariables.

simple modification générale du premier, les agents
surnaturels sont remplacés par des forces abstraites,
véritables entités (abstractions personnifiées) inhérentes
aux divers êtres du monde, et conçues comme capables
d'engendrer par elles-mêmes tous les phénomènes observés, dont l'explication consiste alors à assigner
pour chacun l'entité correspondante[1].

1. Au lieu d'étudier en mécanique les forces comme « des
mouvements produits ou tendant à se produire », on person-
nifiera les forces, on recherchera la cause première des mouvements. Il est très difficile de se débarrasser de l'esprit
métaphysique. Comte pense que c'est encore cet esprit qui
inspire les savants lorsqu'ils s'évertuent à trouver des démons-
trations analytiques de notions fondamentales en réalité em-
pruntées à l'observation, ainsi en mécanique *la composition
des forces*. En physique, on peut donner, pour exemple d'une
persistance de cet esprit funeste, les hypothèses sur les fluides
ou sur l'éther. Supposer que la chaleur puisse exister à part
du corps chaud, la lumière à part du corps lumineux, c'est
remplacer l'observation des faits par l'invention d'entités qui
n'expliquent rien, mais ne sont qu'une traduction en langage
abstrait des anciennes divinités. En chimie, la doctrine des
affinités qui, sous prétexte d'expliquer les combinaisons, se
borne à *répéter en termes abstraits l'énoncé du problème*, est
essentiellement une théorie métaphysique. Même remarque
au sujet de doctrines biologiques comme celles de Van
Helmont ou de Stahl qui prétendent rendre compte de la vie
par des entités telles que « l'archie », « l'âme », « le principe
vital ». Il n'est pas jusqu'à Bichat qui ne subisse l'influence
de la métaphysique quand il parle des « forces vitales ».
Toutefois, il faut reconnaître que de pareilles doctrines, tout
en demeurant étrangères à la philosophie positive, en sont
pourtant moins éloignées que les « divagations » théologiques. La métaphysique est une sorte de compromis provi-

Enfin, dans l'état positif, l'esprit humain reconnaissant l'impossibilité d'obtenir des notions absolues, renonce à chercher l'origine et la destination de l'univers, et à connaître les causes intimes des phénomènes, pour s'attacher uniquement à découvrir, par l'usage bien combiné du raisonnement et de l'observation, leurs lois effectives, c'est-à-dire leurs relations invariables de succession et de similitude. L'explication des faits, réduite alors à ses termes réels[1], n'est plus désormais que la liaison établie entre les divers phénomènes particuliers et quelques faits généraux[2], dont les progrès

soire entre la théologie et le positivisme : d'un côté elle décompose l'ancien système de croyances; d'autre part, elle constitue encore un système d'explication universelle, à l'abri duquel l'esprit positif se développe.

1. Empruntée à l'étude des faits eux-mêmes, et ne consistant plus à imaginer des entités.

2. Il importe de se représenter exactement ce que Comte entend par « faits généraux. » Dans la 2ᵉ leçon, il définit les faits généraux « ceux qui se compliquent le moins des autres ». Les phénomènes mathématiques sont les plus généraux parce qu'ils sont les plus indépendants : on les retrouve partout, tandis qu'on peut les étudier en eux-mêmes sans s'occuper des faits chimiques, biologiques, etc... La gravitation universelle est un fait général parce que les observations et les lois astronomiques de Kepler et d'Huyghens, celles de Galilée sur la pesanteur, n'apparaissent plus que comme des cas particuliers de la loi de Newton. Un fait général est donc *un type de fait qu'on retrouve toujours semblable à lui-même dans les domaines les plus divers*. Arriver à la connaissance d'un fait général, c'est *donner une explication positive*, c'est-à-dire une explication permettant de *lier* ensemble et d'*assimiler* les uns aux autres le plus

de la science tendent de plus en plus à diminuer le nombre.

Le système théologique est parvenu à la plus haute perfection dont il soit susceptible, quand il a substitué l'action providentielle d'un être unique au jeu varié des nombreuses divinités indépendantes qui avaient été imaginées primitivement[1]. De même, le dernier terme du système métaphysique consiste à concevoir, au lieu des différentes entités particulières, une seule grande entité générale, la *nature*, envisagée comme la source

grand nombre de phénomènes. Ainsi quand un physicien explique la gravitation par la pesanteur, il compare la gravitation, fait qui lui est peu connu, à la pesanteur, fait qui lui est plus familier. Un astronome expliquera la pesanteur par la gravitation. La classification des sciences la plus rationnelle sera celle qui manifestera le fait le plus général.

1. La plus haute perfection se définit par la plus grande rationalité et positivité. A mesure que l'on passe du fétichisme au polythéisme, et enfin au monothéisme, les dieux s'éloignent des phénomènes, et, pour ainsi dire, se raréfient, deviennent de plus en plus abstraits, jusqu'à ce qu'enfin l'humanité en arrive à la conception d'un Dieu unique. A ce moment, l'étude scientifique des phénomènes est presque aussi libre qu'elle pourra l'être plus tard sous le régime positif. Les caprices des agents surnaturels ne déconcertent plus l'esprit. On admet l'immuabilité des lois naturelles. Les scolastiques essayent de concilier cette constance des lois avec l'idée de Dieu. Vaines tentatives : la plus haute perfection du régime théologique est toute proche de sa décadence. L'esprit positif, qui a amené la théologie à devenir de plus en plus abstraite et générale, doit la ruiner définitivement en se substituant à elle dans l'explication des phénomènes.

unique de tous les phénomènes. Pareillement, la perfection du système positif, vers laquelle il tend sans
cesse, quoiqu'il soit très probable qu'il ne doive jamais l'atteindre, serait de pouvoir se représenter tous
les divers phénomènes observables comme des cas
particuliers d'un seul fait général, tel que celui de la
gravitation, par exemple [1].

III. — Ce n'est pas ici le lieu de démontrer spécialement cette loi fondamentale du développement de l'esprit humain, et d'en déduire les conséquences les plus
importantes. Nous en traiterons directement, avec toute
l'extension convenable, dans la partie de ce cours relative à l'étude des phénomènes sociaux [2]. Je ne la considère maintenant que pour déterminer avec précision
le véritable caractère de la philosophie positive, par
opposition aux deux autres philosophies qui ont successivement dominé, jusqu'à ces derniers siècles, tout
notre système intellectuel. Quant à présent, afin de ne

1. C'est sur des passages comme celui-ci qu'on s'appuie
parfois pour reprocher à Comte d'avoir voulu tout réduire
aux mathématiques. Nous verrons qu'il n'y a rien de plus
faux qu'une pareille interprétation de sa philosophie. (Cf.
p. 85-89 et p. 200, n° 1).

2. Les personnes qui désireraient immédiatement à ce
sujet des éclaircissements plus étendus pourront consulter
utilement trois articles de *Considérations philosophiques sur
les sciences et les savants* que j'ai publiés, en novembre 1825,
dans un recueil intitulé *le Producteur* (N°ᵒˢ 7, 8 et 10), et
surtout la première partie de mon *Système de politique positive*, adressée, en avril 1824, à l'Académie des Sciences, et
où j'ai consigné, pour la première fois, la découverte de cette
loi. (*Note de Comte.*)

pas laisser entièrement sans démonstration une loi de cette importance, dont les applications se présenteront fréquemment dans toute l'étendue de ce cours, je dois me borner à une indication rapide des motifs généraux les plus sensibles qui peuvent en constater l'exactitude.

En premier lieu, il suffit, ce me semble, d'énoncer une telle loi, pour que la justesse en soit immédiatement vérifiée par tous ceux qui ont quelque connaissance approfondie de l'histoire générale des sciences. Il n'en est pas une seule, en effet, parvenue aujourd'hui à l'état positif, que chacun ne puisse aisément se représenter, dans le passé, essentiellement composée d'abstractions métaphysiques, et, en remontant encore davantage, tout à fait dominée par les conceptions théologiques. Nous aurons même malheureusement plus d'une occasion formelle de reconnaître, dans les diverses parties de ce cours, que les sciences les plus perfectionnées conservent encore aujourd'hui quelques traces très sensibles de ces deux états primitifs[1].

1. « L'astronomie est jusqu'ici la seule branche de la philosophie naturelle dans laquelle l'esprit humain se soit enfin rigoureusement affranchi de toute influence théologique et métaphysique directe ou indirecte » (Début de la 19e leçon). C'est dans les leçons sur la physique sociale que Comte a formulé avec le plus de précision les principaux caractères de l'état métaphysique : « L'esprit de toutes les spéculations, à l'état théologico-métaphysique, est à la fois *idéal dans la marche, absolu dans la conception et arbitraire dans l'application.* » En d'autres termes, l'esprit métaphysique consiste, au point de vue de la *méthode*, à faire prédominer l'*imagination* sur l'observation   au point de vue de la *doctrine*, à re-

Cette révolution générale de l'esprit humain peut d'ailleurs être aisément constatée aujourd'hui, d'une manière très sensible, quoique indirecte, en considérant le développement de l'intelligence individuelle. Le point de départ étant nécessairement le même dans l'éducation de l'individu que dans celle de l'espèce [1], les diverses phases principales de la première doivent représenter les époques fondamentales de la seconde. Or, chacun de nous, en contemplant sa propre histoire, ne se souvient-il pas qu'il a été sucessivement, quant à ses notions les plus importantes, *théologien* dans son enfance, *métaphysicien* dans sa jeunesse, et *physicien* [2]

chercher les notions *absolues*, au point de vue de l'action, à *ignorer les lois* réelles et à se *faire des illusions* sur le pouvoir qu'on s'attribue de changer le cours de la nature.

1. C'est là une loi biologique et aussi une loi de physique sociale. En biologie, Comte l'appelle « le second mode général de l'art comparatif » et la formule ainsi : « l'état primitif de l'organisme, même le plus élevé, doit nécessairement représenter, sous le point de vue anatomique ou physiologique les caractères essentiels de l'état complet propre à l'organisme le plus inférieur et ainsi successivement. » (40e leçon). Nous dirions aujourd'hui que l'ontogenèse résume la phylogenèse (loi de Fritz Müller.) En sociologie, l'évolution de chaque groupe social étant conforme à celle d'un type abstrait d'humanité, on devra comparer des états analogues dans des groupes différents. Etant donné une civilisation supérieure, on pourra retrouver un de ses états primitifs actuellement réalisé sous forme de l'état présent d'une civilisation inférieure. Cette espèce d'*exploration comparative* permettra de connaître soit des phases dont il n'y a plus de traces, soit des intermédiaires entre deux phases.

2. Le mot physicien est pris ici dans une acception très

dans sa virilité? Cette vérification est facile aujourd'hui pour tous les hommes au niveau de leur siècle.

Mais, outre l'observation directe, générale ou individuelle, qui prouve l'exactitude de cette loi, je dois surtout, dans cette indication sommaire, mentionner les considérations théoriques qui en font sentir la nécessité.

La plus importante de ces considérations, puisée dans la nature même du sujet, consiste dans le besoin, à toute époque, d'une théorie quelconque[1] pour lier les faits, combiné avec l'impossibilité évidente, pour l'esprit humain à son origine, de se former des théories d'après les observations.

Tous les bons esprits répètent, depuis Bacon, qu'il n'y a de connaissances réelles que celles qui reposent sur des faits observés. Cette maxime fondamentale est évidemment incontestable, si on l'applique, comme il convient, à l'état viril de notre intelligence. Mais en se reportant à la formation de nos connaissances, il n'en est pas moins certain que l'esprit humain, dans son état primitif, ne pouvait ni ne devait penser ainsi. Car,

---

générale et proche du sens étymologique. Penser en physicien, c'est étudier les phénomènes donnés dans la nature, au lieu de se livrer à des fictions théologiques ou à des abstractions métaphysiques. Notons d'ailleurs que c'est dans les sciences physiques qu'on commence à faire de l'observation un usage très étendu, et que triomphe la méthode expérimentale (28ᵉ leçon).

1. Entendez par « théorie quelconque » non pas la première venue, mais celle qui, à chaque époque, correspond au degré de développement des intelligences.

si d'un côté toute théorie positive doit nécessairement
être fondée sur des observations, il est également sensible, d'un autre côté, que, pour se livrer à l'observation, notre esprit a besoin d'une théorie quelconque[1].

1. Cette remarque n'est pas propre à l'état théologique :
nul n'a plus fortement que Comte mis en relief la nécessité
de l'hypothèse pour suggérer, guider et coordonner les
observations; mais aussi nul n'a plus nettement distingué
entre les théories arbitraires et les véritables hypothèses
scientifiques. Considérons par exemple le problème astronomique des comètes. La grande excentricité de leurs orbites
rendant inextricables les calculs géométriques avec l'hypothèse elliptique, Newton substitue à cette hypothèse l'hypothèse parabolique qui est plus simple et qui demeure exacte
jusqu'à 90 degrés du périhélie de la comète, c'est-à-dire
jusqu'à la limite de sa visibilité. Les faits, en eux-mêmes,
sont donc bien loin de suffire à constituer la science : voici
un fait, à savoir que la course régulière des comètes est, en
dépit de l'apparence, exactement comparable à celle des
planètes. Or, on n'a pu établir ce fait qu'en substituant une
hypothèse à une autre. L'esprit ne retrouve les phénomènes
dans la nature que comme des conséquences de ses interprétations. Il n'est jamais possible de démontrer une loi que
par induction ou par déduction. Or dans l'un et l'autre cas,
l'anticipation de l'expérience par la pensée est nécessaire,
mais elle doit demeurer assujettie à la double condition
d'être vérifiable et de ne prétendre qu'à un degré de précision dont s'accommodent les phénomènes correspondants. La
fonction de l'hypothèse est définie par la fonction même de
la science : la science ne devant avoir pour objet que les
faits et leurs lois, l'hypothèse ne doit pas être autre chose
que la construction par l'esprit d'une circonstance non
encore perceptible dans le phénomène étudié. Elle doit disparaître aussitôt que se révèle une autre hypothèse concor-
dant mieux avec les faits. Ainsi la doctrine cartésienne des

Si, en contemplant les phénomènes, nous ne les rattachions point immédiatement à quelques principes, non seulement il nous serait impossible de combiner ces observations isolées, et, par conséquent, d'en tirer aucun fruit[1], mais nous serions même entièrement incapables de les retenir ; et, le plus souvent, les faits resteraient inaperçus sous nos yeux[2].

Ainsi, pressé entre la nécessité d'observer pour se former des théories réelles, et la nécessité non moins impérieuse de se créer des théories quelconques pour se livrer à des observations suivies, l'esprit humain, à

tourbillons s'efface devant la loi newtonienne de la gravitation, ainsi les hypothèses sur la nature et les causes de la pesanteur devant la loi qui se dégage des expériences de Galilée. On remarquera que Comte tient à ce qu'une hypothèse soit vérifiable : il n'admet guère les théories dont le rôle se bornerait à traduire, plus ou moins élégamment, les observations. Par exemple, il rejette en optique les hypothèses relatives à l'émission et à l'ondulation, parce que, dit-il, ce ne sont là que des moyens de combiner plus aisément nos idées. Or cette commodité plus grande ne provient que d'une habitude intellectuelle, et l'on peut tout aussi bien prendre des habitudes plus conformes aux exigences du positivisme.

1. La liaison et l'assimilation étant l'essentiel du travail scientifique.

2. On trouve une justification psychologique de cette idée dans la doctrine de M. Bergson sur l'attention : faire attention c'est faire converger vers un état présent tous les souvenirs capables de l'éclairer. On ne peut donc prêter attention qu'à ce que l'on connaît déjà un peu. Il n'y a pas d'expérience sans un mouvement d'esprit pour aller à la rencontre de l'objet.

sa naissance, se trouverait enfermé dans un cercle vicieux dont il n'aurait jamais eu aucun moyen de sortir, s'il ne se fût heureusement ouvert une issue naturelle par le développement spontané des conceptions théologiques, qui ont présenté un point de ralliement à ses efforts, et fourni un aliment à son activité. Tel est, indépendamment des hautes considérations sociales qui s'y rattachent [1], et que je ne dois pas même indiquer en ce moment, le motif fondamental qui démontre la nécessité logique du caractère purement théologique de la philosophie primitive.

Cette nécessité devient encore plus sensible en ayant égard à la parfaite convenance de la philosophie théologique avec la nature propre des recherches sur lesquelles l'esprit humain dans son enfance concentre si éminemment toute son activité. Il est bien remarquable, en effet, que les questions les plus radicalement inaccessibles à nos moyens [2], la nature intime des êtres, l'ori-

1. Ces « hautes considérations sociales » sont exposées dans le *Discours sur l'esprit positif*, voir p. 208-226.
2. Parce qu'elles sont sans rapport assignable avec notre existence et avec notre action. Or, les problèmes ne nous sont jamais accessibles que dans la mesure où il peut nous être utile de les résoudre. C'est là une conséquence du principe des *conditions d'existence* que le positivisme substitue au principe métaphysique de finalité. Nous vivons au milieu des phénomènes et non pas en dehors d'eux. Ce qu'il nous importe de connaître, ce sont donc les lois de liaison et de simultanéité des phénomènes, non point leur essence profonde ni leur cause première. Avec la complexité des faits augmentent en nombre et en puissance nos moyens de les étudier : la physique a l'expérimentation ; la chimie, les nomenclatures ;

gine et la fin de tous les phénomènes, soit précisément
celles que notre intelligence se propose par-dessus tout
dans cet état primitif, tous les problèmes vraiment solubles étant presque envisagés comme indignes de méditations sérieuses[1]. On en conçoit aisément la raison ;
car c'est l'expérience seule qui a pu nous fournir la mesure de nos forces ; et, si l'homme n'avait d'abord commencé par en avoir une opinion exagérée, elles n'eussent
jamais pu acquérir tout le développement dont elles
sont susceptibles. Ainsi l'exige notre organisation.
Mais, quoi qu'il en soit, représentons-nous, autant que
possible, cette disposition si universelle et si prononcée,
et demandons-nous quel accueil aurait reçu à une telle
époque, en la supposant formée, la philosophie positive,
dont la plus haute ambition est de découvrir les lois des
phénomènes, et dont le premier caractère propre est
précisément de regarder comme nécessairement in-
terdits à la raison humaine tous ces sublimes mystères,
que la philosophie théologique explique, au contraire,

la biologie, l'art des comparaisons ; la sociologie, la méthode
historique. Seules, la théologie et la métaphysique n'ont aucun
instrument intellectuel spécial. Elles sont donc actuellement
vides de sens et dépourvues de portée.

1. Il y a un rapport nécessaire entre la possibilité de formuler des problèmes et la possibilité de les résoudre. Les
questions positives n'ont pu se poser à l'intelligence que
quand l'intelligence a commencé d'être en possession des
méthodes positives. Or, ces méthodes se développent successivement selon un ordre régi par des lois. L'humanité primitive était ambitieuse dans ses prétentions, parce qu'elle
n'avait pas encore les moyens d'être limitée.

avec une si admirable facilité[1] jusque dans tous leurs
moindres détails.

Il en est de même en considérant sous le point de
vue pratique la nature des recherches qui occupent
primitivement l'esprit humain. Sous ce rapport, elles
offrent à l'homme l'attrait si énergique d'un empire
illimité à exercer sur le monde extérieur, envisagé
comme entièrement destiné à notre usage, et comme
présentant dans tous ses phénomènes des relations intimes et continues avec notre existence[2]. Or, ces espé-

[1]. Facilité qui tient au caractère fictif de ces prétendues
explications. La théologie est inépuisable dans l'invention des
hypothèses, parce qu'elle ne soumet pas ces hypothèses au
contrôle des faits.

[2]. Tous les raisonnements de la théologie ont une allure
anthropomorphique, parce que l'origine même de la philosophie théologique est une assimilation entre la cause première
des choses et la volonté humaine : « Le véritable esprit général de toute philosophie théologique ou métaphysique consiste à prendre pour principe, dans l'explication des phénomènes du monde extérieur, notre sentiment immédiat des
phénomènes humains, tandis qu'au contraire la philosophie
positive est toujours caractérisée, non moins profondément,
par la subordination nécessaire et rationnelle de la conception de l'homme à celle du monde... En faisant prédominer,
comme l'esprit humain a dû, de toute nécessité, le faire primitivement, la considération de l'homme sur celle du monde,
on est invariablement conduit à attribuer tous les phénomènes *à des volontés* correspondantes, d'abord naturelles et
ensuite extra-naturelles, ce qui constitue le système théologique. L'étude directe du monde extérieur a pu seule, au
contraire, produire et développer la grande notion des lois
de la nature, fondement indispensable de toute philosophie
positive....... Aussi, peut-on remarquer avec intérêt que les

rances chimériques, ces idées exagérées de l'importance de l'homme dans l'univers, que fait naître la philosophie théologique, et que détruit sans retour la première influence de la philosophie positive [1], sont,

diverses écoles théologiques et métaphysiques...... s'accordent toujours en ce seul point fondamental de concevoir comme primordiale la considération de l'homme, en reléguant comme secondaire celle du monde extérieur, le plus souvent presque entièrement négligée. De même, l'étude positive n'a pas de caractère plus tranché que sa tendance spontanée et invariable à baser l'étude réelle de l'homme sur la connaissance préalable du monde extérieur. » (Cours, 40ᵉ leçon.) Ainsi, l'opposition entre la philosophie théologique et la philosophie positive consiste en ce que la théologie subordonne le monde à l'homme, tandis que le positivisme fait l'inverse.

1. La science détruit la doctrine des causes finales et remplace le principe anthropomorphique de finalité par le principe positif des *conditions d'existence*. Les raisons de cette substitution apparaissent surtout dans le développement de l'astronomie : « La seule connaissance du mouvement de la terre a dû détruire le premier fondement réel de cette doctrine (des causes finales), l'idée de l'Univers subordonné à la terre et par suite à l'homme... » (19ᵉ leçon.) Quant à la preuve de l'existence de Dieu et de la providence par l'aménagement de la création en vue du plus grand bien de l'homme, l'astronomie lui porte un coup mortel : en effet, elle montre que la combinaison des astres et de leur mouvement n'est pas la plus parfaite possible et que la science permet de concevoir quelque chose de mieux. Comte observe ironiquement que les astronomes, qui savent cela, se rattrapent en admirant les corps vivants qu'ils connaissent mal ; de leur côté, les anatomistes, qui n'ignorent pas les défectuosités des organismes, s'extasient sur l'ordre merveilleux des astres dont ils ont une notion insuffisante et sont

à l'origine, un stimulant indispensable, sans lequel
on ne pourrait certainement concevoir que l'esprit hu-

tout prêts à s'écrier : *Cœli enarrant Dei gloriam*. Mais ce sont
surtout Newton et Laplace qui ont rendu impossible toute
croyance en la finalité en montrant que *l'ordre cosmique est
une conséquence de la loi de gravitation et du mode de formation du système solaire*. En parlant de la stabilité du système
solaire, Comte dit : « Une constitution aussi essentielle à
l'existence continue des espèces animales est une simple conséquence nécessaire, d'après les lois mécaniques du monde,
de quelques circonstances caractéristiques de notre système
solaire, la petitesse extrême des masses planétaires en comparaison de la masse centrale, la faible excentricité de leurs
orbites, et la médiocre inclinaison mutuelle de leurs plans...
On devait d'ailleurs, *a priori*, s'attendre en général, à un tel
résultat, par cette seule réflexion que, puisque nous existons,
il faut bien, de toute nécessité, que le système dont nous faisons partie soit disposé de façon à permettre cette existence,
qui serait incompatible avec une absence totale de stabilité
dans les éléments principaux de notre monde... La prétendue
cause finale se réduirait donc ici, comme on l'a déjà vu dans
toutes les occasions analogues, à cette remarque puérile : il
n'y a d'astres habités dans notre système solaire que ceux
qui sont habitables. On rentre en un mot dans le principe
des conditions d'existence qui est la vraie transformation
positive de la doctrine des causes finales et dont la portée et
la fécondité sont bien supérieures ». (*Ibid.*) En somme, il y a
réalisation d'un système de phénomènes et de lois quand
apparaissent les conditions nécessaires et suffisantes à cette
réalisation. Mais cela ne signifie nullement que ce système
soit le plus parfait possible, ni qu'il soit la cause finale des
circonstances qui le conditionnent. Il y a un rapport nécessaire entre l'existence et l'évolution, entre la structure et le
mouvement, ou, pour emprunter le langage de Comte, entre
les *lois statiques* et les *lois dynamiques*. Cette harmonie est

main se fût déterminé primitivement à de pénibles travaux [1].

Nous sommes aujourd'hui tellement éloignés de ces dispositions premières, du moins quant à la plupart des phénomènes, que nous avons peine à nous représenter exactement la puissance et la nécessité de considérations semblables. La raison humaine est maintenant assez mûre pour que nous entreprenions de laborieuses recherches scientifiques, sans avoir en vue aucun but étranger capable d'agir fortement sur l'imagination, comme celui que se proposaient les astrologues ou les alchimistes. Notre activité intellectuelle est suffisamment excitée par le pur espoir de découvrir les lois des phénomènes, par le simple désir de confirmer ou d'infirmer une théorie. Mais il ne pouvait en être ainsi dans l'enfance de l'esprit humain. Sans les attrayantes chimères de l'astrologie, sans les énergiques

tout ce qu'exprime le principe des conditions d'existence. Et c'est précisément parce que ce principe est ainsi déterminé qu'il possède une *fécondité* bien supérieure à celle des causes finales, car il incite à rechercher dans tous les domaines de la science une liaison entre les lois de succession et les lois de coexistence.

1. Les facultés intellectuelles sont celles dont l'homme a le plus besoin, mais aussi qu'il est le moins porté à exercer spontanément. D'où la nécessité d'une excitation préliminaire. Les facultés affectives remplissent cette fonction de stimulant. Le désir d'un grand rôle à jouer, d'un immense pouvoir à conquérir, a dirigé l'attention de l'humanité sur des problèmes que, sans ses chimériques espérances, elle n'eût même pas aperçus.

déceptions de l'alchimie, par exemple, où aurions-nous
puisé la constance et l'ardeur nécessaires pour recueillir
les longues suites d'observations et d'expériences qui
ont, plus tard, servi de fondement aux premières
théories positives de l'une et l'autre classe de phénomènes [1] ?

Cette condition de notre développement intellectuel a
été vivement sentie depuis longtemps par Kepler pour
l'astronomie, et justement appréciée de nos jours par
Berthollet, pour la chimie [2].

1. L'astrologie est une première tentative pour subordonner les phénomènes humains et sociaux à des lois. Les astronomes en ont tiré parti, mais on peut aussi la considérer
comme renfermant le germe de ce qui, dans la doctrine de
Comte, deviendra la physique sociale. De même, l'alchimie
est la première forme rationnelle qu'aient prise les découvertes touchant la nature. Ces deux systématisations, encore
bien rudimentaires, se sont opérées grâce à la scolastique
qui subordonne la théologie à la métaphysique et incorpore
la philosophie naturelle, c'est-à-dire l'ensemble des connaissances scientifiques, à une philosophie morale.

2. Képler a découvert la première des trois lois fondamentales du mouvement, *la loi d'inertie*. La découverte des deux
autres (savoir « le principe de l'égalité constante et nécessaire entre l'action et la réaction » et « le principe de l'indépendance ou de la coexistence des mouvements, qui conduit
immédiatement à ce qu'on appelle vulgairement la composition des forces ») est attribuable à Newton et à Galilée.
Comte donne cet énoncé de la loi d'inertie : « Tout mouvement est naturellement rectiligne et uniforme, c'est-à-dire
que tout corps soumis à l'action d'une force unique quelconque, qui agit sur lui instantanément, se meut constamment en ligne droite et avec une vitesse invariable (15° le-

On voit donc, par cet ensemble de considérations, que, si la philosophie positive est le véritable état définitif de l'intelligence humaine, celui vers lequel elle a toujours tendu de plus en plus, elle n'en a pas moins dû nécessairement employer d'abord, et pendant une longue suite de siècles, soit comme méthode, soit comme doctrine provisoires, la philosophie théologique; philosophie dont le caractère est d'être spontanée, et, par cela même, la seule possible à l'origine, la seule

çon). La 23ᵉ leçon est consacrée aux lois astronomiques de Képler. Elles ont permis à la science des astres « d'atteindre son véritable but définitif, la prévision exacte et rationnelle de l'état de notre système à une époque quelconque donnée. » Jusqu'à Képler, l'astronomie est infestée d'esprit métaphysique. Les savants, partant de cette conviction *a priori* que le mouvement circulaire est le plus parfait et convient le mieux aux astres (autrefois regardés comme divins), compliquent leurs calculs pour rester fidèles à une hypothèse fausse et n'aboutissent pas à une prévision suffisante. Képler décida, très rationnellement, de regarder comme non avenus les travaux antérieurs, et de faire lui-même les observations nécessaires sur la planète Mars, au sujet de laquelle il établit trois lois : « Les deux premières suffisent pour déterminer complètement le mouvement propre à chaque planète, l'une en réglant sa vitesse à chaque instant, l'autre en fixant la figure de l'orbite. La troisième loi est destinée à établir une harmonie fondamentale entre les divers mouvements planétaires. »

1°) « Les vitesses angulaires de Mars à son périhélie et à son aphélie sont inversement proportionnelles aux carrés des distances correspondantes. » — Autre énoncé : « Les aires décrites croissent proportionnellement aux temps écoulés; 2°) Les orbites planétaires sont elliptiques et ont le soleil pour foyer commun; 3°) La troisième loi est relative

aussi qui pût offrir à notre esprit naissant un intérêt
suffisant. Il est maintenant très facile de sentir que,
pour passer de cette philosophie provisoire à la philosophie définitive, l'esprit humain a dû naturellement
adopter, comme philosophie transitoire, les méthodes
et les doctrines métaphysiques. Cette dernière considération est indispensable pour compléter l'aperçu général de la grande loi que j'ai indiquée.

On conçoit sans peine, en effet, que notre entende-

aux mouvements de l'ensemble des planètes : « Les carrés
des temps des révolutions sidérales de toutes les diverses
planètes sont exactement proportionnels aux cubes des
demi-grands axes de leurs orbites. » Cette dernière loi permet de substituer le calcul à l'observation en donnant le
moyen de « déterminer l'un par l'autre, le temps périodique
et la moyenne distance de toutes les diverses planètes, quand
ces deux éléments ont été d'abord bien observés à l'égard
d'une seule planète quelconque. »

Ces citations nous font comprendre ce que Comte entend
par rendre rationnel un certain ordre d'études. Dans bien
des cas, comme, par exemple, en astronomie, s'il s'agit d'évaluer la durée de la révolution d'Uranus ou la distance d'une
planète très rapprochée du soleil, l'observation directe est
trop lente, ou même inefficace. Il faut trouver un moyen de
construire la donnée qui manque. Les lois scientifiques fournissent ce moyen en établissant une relation constante entre
le fait donné et les faits qui échappent à l'observation. L'astronomie est devenue rationnelle grâce à Képler, parce que,
grâce à lui, tout problème touchant les planètes a été trans-
formé en une question de géométrie abstraite où l'on n'a
besoin d'emprunter à l'observation que quelques points de
départ : étant donnés les éléments astronomiques de l'orbite,
déterminer la course de l'astre — ou bien trouver les valeurs

ment, contraint à ne marcher que par degrés presque
insensibles, ne pouvait passer brusquement, et sans
intermédiaires, de la philosophie théologique à la philosophie positive. La théologie et la physique sont si
profondément incompatibles, leurs conceptions ont un
caractère si radicalement opposé, qu'avant de renoncer
aux unes pour employer exclusivement les autres, l'intelligence humaine a dû se servir de conceptions intermédiaires, d'un caractère bâtard, propres, par cela

de ces éléments d'après l'observation d'une partie de la
course. Bref, le but de la science étant de prévoir, Képler,
en formulant des lois qui rendent possibles des prévisions
précises, a fondé l'astronomie positive et rationnelle.
La chimie n'était pas susceptible de se prêter à une
réforme si efficace : les phénomènes y sont trop complexes
pour qu'on puisse transformer un problème chimique en un
problème mathématique. Dans son ouvrage sur *la statique
chimique*, Berthollet a eu le mérite d'échapper à l'influence
métaphysique en renversant la doctrine des *affinités électives*
qui n'expliquait rien (35ᵉ leçon), et de trouver « la loi capitale des doubles décompositions salines..., deux sels solubles,
d'ailleurs quelconques, se décomposent mutuellement toutes
les fois que leur réaction peut produire un sel insoluble, ou
seulement même moins soluble que chacun des premiers. »
(36ᵉ leçon). Cette proposition présente bien tous les caractères
d'une loi positive car 1ᵒ elle est relative à l'objet propre des
recherches chimiques, savoir les phénomènes de composition
et de décomposition ; 2ᵒ elle établit un rapprochement entre
deux classes de phénomènes ; 3ᵒ elle permet la prévision. En
outre, Berthollet a contribué à fonder l'étude des proportions
chimiques en montrant la nécessité de l'existence des *proportions définies* pour certains composés (37ᵉ leçon. Cf. aussi
la 38ᵉ leçon à propos des travaux de Berthollet sur l'étude
des phénomènes de la combustion).

même, à opérer graduellement la transition. Telle est
la destination naturelle des conceptions métaphysiques : elles n'ont pas d'autre utilité réelle. En substituant, dans l'étude des phénomènes, à l'action
surnaturelle directrice, une entité correspondante et
inséparable, quoique celle-ci ne fût d'abord conçue que
comme une émanation de la première, l'homme s'est
habitué peu à peu à ne considérer que les faits eux-
mêmes, les notions de ces agents métaphysiques ayant
été graduellement subtilisées [1] au point de n'être plus,
aux yeux de tout esprit droit, que les noms abstraits
des phénomènes. Il est impossible d'imaginer par
quel autre procédé notre entendement aurait pu passer
des considérations franchement surnaturelles aux considérations purement naturelles, du régime théologique
au régime positif.

IV. — Après avoir ainsi établi, autant que je puis
le faire sans entrer dans une discussion spéciale qui
serait déplacée en ce moment, la loi générale du développement de l'esprit humain, tel que je le conçois, il
nous sera maintenant aisé de déterminer avec précision
la nature propre de la philosophie positive, ce qui est
l'objet essentiel de ce discours.

Nous voyons, par ce qui précède, que le caractère
fondamental de la philosophie positive est de regarder
tous les phénomènes comme assujettis à des *lois* naturelles invariables, dont la découverte précise et la ré-

---

1. Epurées de tout élément anthropomorphique, de moins
en moins œuvres d'imagination, de plus en plus œuvres de
pensée, d'abstraction.

duction au moindre nombre possible **sont le but de tous**
nos efforts, en considérant comme absolument inaccessible et vide de sens pour nous la recherche de ce qu'on
appelle les *causes*, soit premières, soit finales [1]. Il est
inutile d'insister beaucoup sur un principe devenu main-

1. C'est là le *principe positiviste des lois;* lui et le *principe
des conditions d'existence* constituent les deux idées les plus
caractéristiques de la philosophie des sciences chez Comte.
Dans la 35ᵉ leçon, Comte exprime la même pensée : « La
vraie science consiste, en tout genre, dans les relations
exactes établies entre les faits observés, afin de déduire,
du moindre nombre possible de phénomènes fondamentaux,
la suite la plus étendue des phénomènes secondaires, en
renonçant absolument à la vaine enquête des *causes* et des
essences. »

Nous avons déjà donné (p. 22, n. 2) des exemples de ce que
doivent être des lois positives. L'homme est arrivé à l'idée de
loi en apprenant à abstraire des cas concrets complexes les
éléments communs à une même classe de phénomènes.
Quant à la conviction que tous les phénomènes sont soumis
à des lois, elle ne constitue nullement un principe *a priori*
de la connaissance; elle résulte de la découverte effective de
lois dans tous les domaines de recherches.

La philosophie positive a formulé le principe. L'humanité
le pressentait, puisqu'elle supposait des rapports invariables,
souvent sans les avoir constatés. M. Lévy-Brühl fait remarquer que Comte pense, comme Mill, qu'on arrive au principe
des lois par une *immense induction,* dont le point de départ
serait dans les lois elles-mêmes. Seulement la supériorité du
positivisme consiste ici à vérifier cette immense induction
pour tous les phénomènes, y compris ceux qui paraissent lui
échapper, c'est-à-dire les phénomènes sociaux. La fondation
de la physique sociale comme science achève de démontrer
le principe des lois.

tenant aussi familier à tous ceux qui ont fait une étude
un peu approfondie des sciences d'observation. Chacun sait, en effet, que, dans nos explications positives,
même les plus parfaites, nous n'avons nullement la
prétention d'exposer les *causes* génératrices des phénomènes, puisque nous ne ferions jamais alors que reculer la difficulté, mais seulement d'analyser avec exactitude les circonstances de leur production, et de les
rattacher les unes aux autres par des relations normales de succession et de similitude [1].

Ainsi, pour en citer l'exemple le plus admirable,
nous disons que les phénomènes généraux de l'univers
sont *expliqués*, autant qu'ils puissent l'être, par la loi
de la gravitation newtonienne, parce que, d'un côté,
cette belle théorie nous montre toute l'immense variété
des faits astronomiques, comme n'étant qu'un seul et
même fait envisagé sous divers points de vue : la tendance constante de toutes les molécules les unes vers
les autres en raison directe de leurs masses, et en raison inverse des carrés de leurs distances [2] ; tandis que,

1. Les rapports d'*assimilation* permettent d'*éclaircir* les
difficultés; les rapports de *succession* servent à fonder la
prévision. Cette distinction correspond à celle que Comte
regarde comme essentielle, entre le point de vue *statique* et
le point de vue *dynamique.*

2. Point de vue *dynamique*, lois de *succession* et de *prévision.*

La loi de gravitation est étudiée dans la 24ᵉ leçon. Il s'agissait de déterminer la direction et la loi de la force qui
empêche chaque astre de suivre sa route tangentielle.
Newton établit mathématiquement le rapport entre la *loi des*

d'un autre côté, ce fait général nous est présenté comme une simple extension d'un phénomène qui nous est éminemment familier, et que, par cela seul, nous regardons comme parfaitement connu, la pesanteur des corps à la

orbites elliptiques ayant le soleil pour foyer et celle de la variation de la force accélératrice inversement au carré de la distance.

La constance de l'aire oblige à rattacher au soleil la direction de la force accélératrice; car c'est seulement en rapportant cette direction au soleil que l'on peut arriver, quelque intense que l'on suppose la force accélératrice, à ne pas faire varier l'aire, qui varierait dans toute autre hypothèse. La direction de la force accélératrice était donc déterminée par la première loi de Képler.

La troisième loi de Képler permettait de trouver la loi de la force en supposant l'orbite circulaire : car alors on a les théorèmes de Huyghens sur la force centrifuge proportionnelle au rapport entre le rayon de l'orbite et le carré du temps périodique. Il suffit de considérer la force centrifuge de l'astre comme constante à tous les points de l'orbite, et opposée à l'action solaire, pour trouver que l'action solaire varie en raison inverse du carré de la distance au soleil.

Mais la partie essentielle de la démonstration ne pouvait s'achever qu'au moyen de l'analyse différentielle. Il fallait montrer le rapport mathématique entre l'orbite elliptique et l'action solaire. Pour cela, il fallait pouvoir mesurer cette action à tous les points de l'orbite où elle n'est pas directement opposée à la force centrifuge (l'opposition directe ne se produisant qu'au périhélie et à l'aphélie). On reconnaît alors que l'action solaire varie toujours en raison inverse du carré de la distance, indépendamment de la direction. Et on reconnaît aussi que sa valeur propre pour chaque planète est proportionnele au rapport entre le carré du temps périodique et le cube du demi-grand axe de l'ellipse. Par conséquent cette valeur est identique pour toutes les planètes et

surface de la terre[1]. Quant à déterminer ce que sont
en elles-mêmes cette attraction et cette pesanteur,
quelles en sont les causes, ce sont des questions que
nous regardons tous comme insolubles, qui ne sont
plus du domaine de la philosophie positive, et que nous
abandonnons avec raison à l'imagination des théologiens, ou aux subtilités des métaphysiciens. La preuve
manifeste de l'impossibilité d'obtenir de telles solutions,
c'est que, toutes les fois qu'on a cherché à dire à ce
sujet quelque chose de vraiment rationnel, les plus
grands esprits n'ont pu que définir ces deux principes
l'un par l'autre, en disant, pour l'attraction, qu'elle
n'est autre chose qu'une pesanteur universelle, et ensuite, pour la pesanteur, qu'elle consiste simplement
dans l'attraction terrestre. De telles explications, qui
font sourire quand on prétend à connaître la nature
intime des choses et le mode de génération des phénomènes, sont cependant tout ce que nous pouvons obte-

ne change qu'en vertu de leur distance, non de leur dimension. *A distance égale il y a proportionnalité de l'action solaire à la masse de chaque planète.*

Newton vérifie la loi de la gravitation en passant de la
dynamique à la statique, c'est-à-dire en déterminant quelle
doit être la course des planètes étant données les lois de leur
mouvement et il retrouve ainsi les lois de Képler.

1. Point de vue de *l'assimilation*. Cette assimilation est
possible par l'étude du mouvement de la lune. Considérant
en effet la tendance de la lune à tomber vers le centre de la
terre, il suffit d'augmenter l'expression mathématique de
cette tendance inversement au carré de la distance pour voir
ce qu'elle deviendrait si la lune touchait presque la surface
de la terre.

nir de plus satisfaisant, en nous montrant comme identiques deux ordres de phénomènes, qui ont été si longtemps regardés comme n'ayant aucun rapport entre
eux. Aucun esprit juste ne cherche aujourd'hui à aller
plus loin [1].

Il serait aisé de multiplier ces exemples, qui se présenteront en foule dans toute la durée de ce cours,
puisque tel est maintenant l'esprit qui dirige exclusivement les grandes combinaisons intellectuelles. Pour
en citer en ce moment un seul parmi les travaux contemporains, je choisirai la belle série de recherches de
M. Fourier sur la théorie de la chaleur [2]. Elle nous

---

1. Comte revient sur cette idée dans la 24ᵉ leçon : « L'emploi de ce terme (la gravitation universelle) a le précieux
avantage philosophique d'indiquer strictement un simple
fait général, mathématiquement constaté, sans aucune vaine
recherche de la nature intime et de la cause première de
cette action céleste, ni de cette pesanteur terrestre. Il tend à
faire éminemment ressortir le *vrai caractère essentiel de
toutes nos explications positives qui consistent en effet à lier
et à assimiler le plus complètement possible*. Nous ne pouvons
évidemment savoir ce que sont au fond cette action mutuelle
des astres et cette pesanteur des corps terrestres... Mais
nous connaissons avec une pleine certitude l'existence et la
loi de ces deux ordres de phénomènes ; et nous savons, en
outre, qu'ils sont identiques. C'est ce qui constitue leur véritable *explication* mutuelle, par une exacte comparaison des
moins connus aux plus connus. »

2. L'œuvre de Fourier est essentiellement rationnelle et
positive parce qu'en fondant la thermologie, il a ramené
l'étude d'un phénomène naturel à celle d'un phénomène
géométrique et mécanique. Il a réalisé ainsi une extension
des plus importantes de l'analyse mathématique à tout un

offre la vérification très sensible des remarques générales précédentes. En effet, dans ce travail, dont le
caractère philosophique est si éminemment positif, les
lois les plus importantes et les plus précises des phénomènes thermologiques se trouvent dévoilées, sans
que l'auteur se soit enquis une seule fois de la nature
intime de la chaleur, sans qu'il ait mentionné, autrement
que pour en indiquer le vide, la controverse si agitée entre
les partisans de la matière calorifique et ceux qui font
consister la chaleur dans les vibrations d'un éther uni-

ordre de faits qui jusqu'à lui n'étaient pas traités analytiquement. (Cf. note de Comte à la 3ᵉ leçon.) Il a également eu
l'idée du principe mathématique *d'homogénéité* (note de Comte
à la 5ᵉ leçon) ; il a fait un emploi intéressant et indiqué une
notation des intégrales définies (note de Comte à la 8ᵉ leçon) ;
il a été amené, en s'occupant des fonctions discontinues, à
perfectionner les conceptions de Descartes sur la géométrie
analytique. (Cf. 12ᵉ leçon.) Mais ses travaux sur la chaleur
restent son titre principal à la reconnaissance du philosophe
positiviste. Comte compare l'œuvre de Fourier en physique
à ce qu'a été pour l'astronomie l'œuvre de Newton ; « peut-
être même, ajoute-t-il, trouverait-on que la fondation de la
thermologie mathématique par Fourier était moins préparée
que celle de la mécanique céleste par Newton » (31ᵉ leçon).
« Comment la chaleur, une fois introduite dans un corps par
son enveloppe extérieure, se propage-t-elle peu à peu en tous
les points de sa masse, de manière à assigner à chacun d'eux,
pour un instant désigné, une température déterminée ; ou,
en sens inverse, comment cette chaleur intérieure se dis-
sipe-t-elle au dehors, à travers la surface, par une déperdition
graduelle et continue? C'est ce qu'il faudrait évidemment
renoncer à connaître avec exactitude, si l'analyse mathématique, *prolongement naturel de l'observation immédiate devenue*

versel. Et néanmoins les plus hautes questions, dont plusieurs n'avaient même jamais été posées, sont traitées dans cet ouvrage, preuve palpable que l'esprit humain, sans se jeter dans des problèmes inabordables, et en se restreignant dans les recherches d'un ordre entièrement positif, peut y trouver un aliment inépuisable à son activité la plus profonde.

V. — Après avoir caractérisé, aussi exactement qu'il m'est permis de le faire dans cet aperçu général, l'esprit de la philosophie positive, que ce cours tout entier est destiné à développer, je dois maintenant examiner

impossible, ne venait ici permettre à notre intelligence de contempler, par une exploration indirecte, les lois suivant lesquelles s'accomplissent ces phénomènes internes, dont l'étude semblait « nous être nécessairement impénétrable. » (*Ibid.*) Ainsi la découverte de Fourier permet une *prévision rationnelle* que la thermologie physique ne rendait pas possible jusqu'à lui. Ce résultat est obtenu par une *application de l'analyse infinitésimale :* « On peut former très simplement l'équation différentielle générale qui exprime la répartition variable de la chaleur dans un corps quelconque, à quelques influences qu'on le suppose soumis, d'après la seule relation, fort aisée à obtenir, qui représente la distribution uniforme de la chaleur dans un parallélipipède rectangle, en considérant géométriquement tout autre corps comme décomposé en éléments infiniment petits d'une telle forme, et thermologiquement le flux de chaleur comme constant pendant un temps infiniment petit. Dès lors, toutes les questions que peut présenter la thermologie abstraite se trouvent réduites, comme pour la géométrie et la mécanique, à de pures difficultés d'analyse, qui consisteront toujours dans l'élimination des différentielles introduites comme auxiliaires pour faciliter l'établissement des équations. » (6ᵉ leçon.)

à quelle époque de sa formation elle est parvenue aujourd'hui, et ce qui reste à faire pour achever de la constituer.

A cet effet, il faut d'abord considérer que les différentes branches de nos connaissances n'ont pas dû parcourir d'une vitesse égale les trois grandes phases de leur développement indiquées ci-dessus, ni, par conséquent, arriver simultanément à l'état positif. Il existe, sous ce rapport, un ordre invariable et nécessaire [1], que nos divers genres de conceptions ont suivi et dû suivre dans leur progression, et dont la considération exacte est le complément indispensable de la loi fondamentale énoncée précédemment. Cet ordre sera le sujet spécial de la prochaine leçon. Qu'il nous suffise, quant à présent, de savoir qu'il est conforme à la nature diverse des phénomènes, et qu'il est déterminé par leur degré de généralité, de simplicité et d'indépendance réciproque [2], trois considérations qui, bien que distinctes, concourent au même but. Ainsi, les phéno-

---

1. Le développement de l'esprit humain est soumis à des lois au même titre que toute autre évolution de phénomènes. La découverte de ces lois, et de celle qui les résume toutes (la loi des trois états), fonde la physique sociale et marque l'avènement du positivisme comme philosophie définitive.

2. Plus un ordre de phénomène est général, simple et indépendant, plus tôt sa science passe de l'état théologico-métaphysique à l'état positif. Ce passage a généralement lieu moins par le progrès spontané de l'intelligence que sous l'action d'un art *correspondant*. Cet art, en posant des questions pratiques, révèle l'inanité des hypothèses de la théologie. Tel est, par exemple, le service que *la médecine* rend à la *biologie*.

mêmes astronomiques d'abord, comme étant les plus
généraux, les plus simples, et les plus indépendants
de tous les autres, et successivement, par les mêmes
raisons, les phénomènes de la physique terrestre proprement dite, ceux de la chimie, et enfin les phénomènes physiologiques, ont été ramenés à des théories
positives.

Il est impossible d'assigner l'origine précise de cette
révolution ; car on en peut dire avec exactitude, comme
de tous les autres grands événements humains, qu'elle
s'est accomplie constamment et de plus en plus [1], particulièrement depuis les travaux d'Aristote et de l'école
d'Alexandrie, et ensuite depuis l'introduction des
sciences naturelles dans l'Europe occidentale par
les Arabes. Cependant, vu qu'il convient de fixer une
époque pour empêcher la divagation des idées, j'indi-
querai celle du grand mouvement imprimé à l'esprit
humain, il y a deux siècles, par l'action combinée des
préceptes de Bacon, des conceptions de Descartes, et
des découvertes de Galilée [2], comme le moment où l'es-

1. L'esprit positif a toujours existé et est toujours allé progressant. La philosophie positive se borne à systématiser les
découvertes déjà faites ; elle élabore par là même les
méthodes qui conduiront à de nouveaux résultats.

2. Une des premières manifestations de la tendance de
l'esprit scientifique à se séparer de l'esprit métaphysique,
c'est la fameuse querelle des *réalistes* (qui, croyant à la réalité objective des universaux, représentent la métaphysique)
et des *nominalistes* (qui, ne voyant dans l'idée générale qu'un
nom apte à évoquer les images de divers phénomènes, représentent l'attitude positive).

Bacon a formulé les premiers préceptes de la méthode

prit de la philosophie positive a commencé à se pro-
noncer dans le monde, en opposition évidente avec
l'esprit théologique et métaphysique. C'est alors, en
effet, que les conceptions positives se sont dégagées

inductive et a ainsi collaboré aux progrès de l'expérimentation. Il a même porté l'esprit positif dans un domaine où
Descartes laisse régner la métaphysique : l'étude de l'âme
humaine. Toutefois, il faut bien reconnaître, conformément
aux principes de la *nécessité d'un ordre dans le développement
de l'esprit humain* et de *la hiérarchie des sciences*, qu'on ne
pouvait rendre positives la psychologie et la sociologie, tant
que la chimie et la biologie n'étaient pas encore parvenues
elles-mêmes à la période positive. Par conséquent, la répartition des connaissances et des méthodes, telle que Descartes
la conçoit, devait subsister à titre d'état transitoire, en accentuant l'antagonisme entre la métaphysique et la science.

Descartes a dégagé la formule de la méthode positive universelle. « Ne pouvant nullement connaître les agents primitifs ou le mode de production des phénomènes, toute
science réelle doit concerner seulement les lois effectives des
phénomènes observés et ainsi toute hypothèse auxiliaire
qui aurait une autre destination serait par cela même radicalement contraire au véritable esprit scientifique. L'utilité
du cartésianisme a été de conduire graduellement notre
intelligence à une telle disposition habituelle. » (28e leçon.) Sa
grande idée-mère, c'est la « représentation analytique générale
des phénomènes naturels » (6e leçon). Il y est arrivé en
cherchant une méthode générale de la quantité à propos des
phénomènes arithmétiques et géométriques. On se trompe
lorsqu'on se figure que la véritable différence entre la géométrie des anciens, et celle que les modernes ont apprise de
Descartes, consiste dans *l'emploi du calcul comme instrument
de déduction.* En effet, d'une part, les anciens connaissaient
un équivalent de l'algèbre (la théorie des proportions), et,

nettement de l'alliage superstitieux et scolastique qui déguisait plus ou moins le véritable caractère de tous les travaux antérieurs.

VI. — Depuis cette mémorable époque, le mouve-

d'autre part, il existe des solutions géométriques nettement modernes, qui ne doivent rien à cet emploi du calcul. C'est dans la *nature des questions*, donnant lieu à deux géométries (la géométrie générale et la géométrie spéciale), qu'il faut voir cette différence. On peut se proposer: 1° *d'étudier toutes les propriétés d'une forme considérée*, — c'est la géométrie des anciens ; — 2° faisant abstraction des corps particuliers, de grouper *les questions* de *propriétés* communes aux corps les plus divers, — c'est la géométrie générale ou moderne. La méthode moderne est la plus rationnelle parce qu'elle assure la marche régulière de l'esprit et permet, lorsqu'une nouvelle question se pose, de mettre à profit les solutions analogues déjà obtenues. La révolution opérée par Descartes consiste donc à *étudier un phénomène géométrique en général* et indépendamment des corps particuliers dans lesquels ce phénomène peut se présenter. L'application des solutions générales aux corps particuliers n'est plus qu'un problème subalterne, et du même ordre que l'évaluation numérique d'une formule analytique (10° leçon).

La représentation analytique a pour but d'exprimer la *qualité* en langage de *quantité*.

On considère en géométrie la grandeur, la forme et la position. La grandeur étant d'elle-même propre à se traduire en quantité, la forme étant réductible à la position de ses divers éléments, il ne reste que la *situation* qu'il s'agit d'exprimer analytiquement. Le procédé par lequel Descartes arrive à résoudre ce problème, le procédé des *coordonnées*, n'est que la généralisation d'une idée toute naturelle. Pour indiquer la situation d'un point sans le désigner immédiatement, on peut le rattacher à d'autres objets connus en

ment d'ascension de la philosophie positive, et le mouvement de décadence de la philosophie théologique et
métaphysique, ont été extrêmement marqués. Ils se
sont enfin tellement prononcés, qu'il est devenu impos-

assignant les éléments géométriques qui le lient à ces derniers. Les coordonnées sont de tels éléments géométriques.
Si on sait dans quel plan doit se trouver un point, sa situation sera déterminée par deux coordonnées. Si on ne le sait
pas, il faudra trois coordonnées. Mais le *changement de situation* sera toujours représenté par une simple *variation dans
la valeur numérique des coordonnées*. La position d'un point
sur un plan sera déterminée par ses distances à deux droites
fixes appelées axes (système des coordonnées rectilignes).
Ou bien encore, elle peut être déterminée par sa distance à
un seul point fixe, la direction de cette distance étant déterminée par l'angle qu'elle fait avec une droite fixe (coordonnées *polaires*). (12ᵉ leçon.)

On déduit de là la représentation générale des *lignes* par
des *équations*. Une ligne est décrite par un point dont le
mouvement est assujetti à une loi. Toute propriété de cette
ligne doit donc pouvoir être représentée par une équation
entre les deux coordonnées du point, *une modification algébrique de l'équation devant alors traduire toute variation dans
la position du point.*

Cette grande rénovation philosophique a eu pour conséquence de donner aux mathématiques un caractère de rationalité et de simplicité parfaites, en *liant* les unes aux autres
les lois des diverses parties de la science et en permettant
de passer, grâce à une méthode générale, des considérations
d'un ordre à celles d'un autre, par exemple de la géométrie
à l'algèbre où réciproquement.

Galilée a contribué à faire de la mécanique une science
rationnelle en découvrant ce que Comte appelle « le principe
de l'indépendance ou de la coexistence des mouvements »

sible aujourd'hui, à tous les observateurs ayant conscience de leur siècle, de méconnaître la destination
finale de l'intelligence humaine pour les études positives, ainsi que son éloignement désormais irrévocable

(15e leçon), qui conduit au *théorème de la composition des
forces et à la fondation de la dynamique :*
  « Tout mouvement exactement commun à tous les corps
d'un système quelconque n'altère point les mouvements particuliers de ces différents corps les uns à l'égard des autres.
  « Telle est la prépondérance des habitudes intellectuelles
natives, que, sans que personne eût jamais pensé à faire
l'expérience, on admettait, comme un fait incontestable,
que la balle jetée du haut du mât, dans un vaisseau en mouvement, ne retombait point au pied du mât, mais à quelque
distance en arrière, ce dont le moindre observateur eût immédiatement signalé la fausseté grossière. » (22e leçon.) Cette
découverte, solidaire de celle de la translation et de la rotation terrestres, tendait à ruiner les théories anthropomor-
phiques de la théologie sur la terre centre de l'univers et sur
l'univers fait pour l'homme. « Car, après avoir ôté la considération, au moins claire et sensible, du plus grand avantage
de l'homme, je défie qu'on puisse assigner aucun but intelligible à l'action providentielle. L'admission du mouvement
de la terre, en faisant rejeter cette destination humaine de
l'univers, a donc tendu nécessairement à saper par sa base
tout l'édifice théologique. » (22e leçon.) De plus, une telle loi
de la nature, empruntée à l'observation directe des phénomènes, allait à l'encontre des présomptions métaphysiques
et débarrassait la science mécanique des abstractions *a
priori.*
  L'influence positive de la découverte du mouvement de la
terre a été considérable. D'abord l'idée qu'elle a donnée au
genre humain de ses forces a été un stimulant des plus effectifs pour l'exercice des facultés intellectuelles : « A l'idée
fantastique et énervante d'un univers arrangé pour l'homme,

pour ces vaines doctrines et pour ces méthodes provisoires qui ne pouvaient convenir qu'à son premier
essor. Ainsi, cette révolution fondamentale s'accom-
plira nécessairement dans toute son étendue. Si donc
il lui reste encore quelque grande conquête à faire,

nous substituons la conception réelle et vivifiante de l'homme
découvrant, par un exercice positif de son intelligence, les
vraies lois générales du monde, afin de parvenir à le modifier
à son avantage entre certaines limites, par un emploi bien
combiné de son activité, malgré les obstacles de sa position... Si l'univers était réellement disposé pour l'homme, il
serait puéril à lui de s'en faire un mérite, puisqu'il n'y
aurait nullement contribué et qu'il ne lui resterait qu'à jouir,
avec une inertie stupide, des faveurs de sa destinée; tandis
qu'il peut au contraire, dans sa véritable condition, se glo-
rifier justement des avantages qu'il parvient à se procurer
en résultat des connaissances qu'il a fini par acquérir, tout
ici étant essentiellement son ouvrage. » (22ᵉ leçon.) Un autre
gain capital a été la substitution de l'idée de *monde* à l'idée
d'univers : « La notion *d'univers*, c'est-à-dire la considération
de l'ensemble des grands corps existants comme formant un
système unique, était essentiellement fondée sur *l'opinion
primitive à l'égard de l'immuabilité de la terre.*

« Dans cette manière de voir, tous les astres constituaient,
en effet, malgré leurs caractères propres et la diversité de
leurs mouvements, un véritable système général ayant la
terre pour centre évident. Au contraire, la connaissance du
mouvement de notre globe, transportant subitement toutes les
étoiles à des distances infiniment plus considérables que les
plus grands intervalles planétaires, n'a plus laissé, dans
notre pensée, de place à l'idée réelle et sensible de *système*
qu'à l'égard du très petit groupe dont nous faisons partie
autour du soleil. Dès lors, la notion du monde s'est introduite comme claire et usuelle ; et celle d'univers est devenue

quelque branche principale du domaine intellectuel à envahir, on peut être certain que la transformation s'y opérera, comme elle s'est effectuée dans toutes les autres. Car il serait évidemment contradictoire de supposer que l'esprit humain, si disposé à l'unité de méthode, conservât indéfiniment, pour une seule classe de phénomènes, sa manière primitive de philosopher, lorsqu'une fois il est arrivé à adopter pour tout le reste une nouvelle marche philosophique, d'un caractère absolument opposé.

Tout se réduit donc à une simple question de fait : la philosophie positive, qui, dans les deux derniers siècles, a pris graduellement une si grande extension,

essentiellement incertaine et même à peu près inintelligible. Car nous ignorons complètement aujourd'hui, et nous ne saurons probablement jamais, avec une véritable certitude, si les innombrables soleils que nous apercevons composent finalement, en effet, un système unique et général, ou, au contraire, un nombre, peut-être fort grand, de systèmes partiels, entièrement indépendants les uns des autres. L'idée d'univers se trouve donc ainsi essentiellement exclue de la philosophie vraiment positive, et l'idée du monde devient la pensée la plus étendue qu'il nous soit permis de poursuivre habituellement avec fruit ; ce qui doit être regardé comme un véritable progrès, cette pensée ayant l'avantage d'être, par sa nature, exactement circonscrite, tandis que l'autre est, de toute nécessité, vague et indéfinie. » (*Ibid.*)

Enfin Galilée a séparé la physique de la métaphysique et lui a imprimé un caractère positif par ses études sur la chute des graves (28e leçon). L'emploi de la méthode expérimentale, en nous permettant de modifier les phénomènes à notre convenance, ne peut plus nous laisser croire qu'ils soient dirigés par des volontés surnaturelles.

embrasse-t-elle aujourd'hui tous les ordres de phénomènes ? Il est évident que cela n'est point, et que, par
conséquent, il reste encore une grande opération
scientifique à exécuter pour donner à la philosophie
positive ce caractère d'universalité, indispensable à sa
reconstitution définitive [1].

En effet, dans les quatre catégories principales de
phénomènes naturels énumérées tout à l'heure, les
phénomènes astronomiques, physiques, chimiques et
physiologiques, on remarque une lacune essentielle
relative aux phénomènes sociaux, qui, bien que compris implicitement parmi les phénomènes physiologiques [2], méritent, soit par leur importance, soit par
les difficultés propres à leur étude, de former une catégorie distincte [3]. Ce dernier ordre de conceptions,
qui se rapporte aux phénomènes les plus particuliers,
les plus compliqués, et les plus dépendants de tous les
autres, a dû nécessairement, par cela seul, se perfec-

1. La philosophie positive offrira le caractère d'universalité quand elle aura achevé de *réduire toutes les catégories de
phénomènes à des lois.*

2. Ces phénomènes, qui résultent de la vie de l'homme en
société, sont compris implicitement dans la science de
l'homme — qui est, selon Comte, la physiologie, — parce
que, d'après lui, il n'y a pas de lois psychologiques distinctes
des lois physiologiques.

3. Quand un certain ordre d'études présente des difficultés
propres, l'homme y fait face en inventant ou plutôt en développant un procédé méthodologique adapté à ces problèmes
spéciaux. Il y a autant de sciences, autant de catégories distinctes dans les phénomènes, qu'il y a de méthodes possé-
dant leur caractéristique.

tionner plus lentement que tous les précédents [1], même
sans avoir égard aux obstacles plus spéciaux que nous
considérerons plus tard. Quoi qu'il en soit, il est évident
qu'il n'est point encore entré dans le domaine de la
philosophie positive. Les méthodes théologiques et métaphysiques qui, relativement à tous les autres genres
de phénomènes, ne sont plus maintenant employées
par personne, soit comme moyen d'investigation, soit
même seulement comme moyen d'argumentation, sont
encore, au contraire, exclusivement usitées, sous
l'un et l'autre rapport, pour tout ce qui concerne les
phénomènes sociaux, quoique leur insuffisance à cet
égard soit déjà pleinement sentie par tous les bons esprits, lassés de ces vaines contestations interminables

---

1. Le perfectionnement rationnel de chaque science a lieu
dans la mesure où les savants prennent pour modèle la
science immédiatement antécédente, l'état idéal d'une
science naturelle étant représenté par l'astronomie. Les
phénomènes les plus compliqués sont toujours aussi les plus
dépendants parce qu'ils sont assujettis, non seulement à
leurs lois propres, mais aux lois de tous les phénomènes plus
généraux. Les faits sociaux dépendent des lois astronomiques, physiques, chimiques, biologiques, et ne peuvent
servir d'objet à une science distincte qu'une fois l'astronomie, la physique, la chimie, la biologie parvenues à l'état
positif, c'est-à-dire à la connaissance de leur méthode et de
leurs limites.

« La physique sociale n'était point une science possible,
tant que les géomètres n'avaient pas démontré..... que les
dérangements de notre système solaire ne sauraient jamais
être que des oscillations graduelles et très limitées autour
d'un état moyen nécessairement invariable. » (19ᵉ leçon.)

entre le droit divin et la souveraineté du peuple[1].

Voilà donc la grande, mais évidemment la seule[2] lacune qu'il s'agit de combler pour achever de constituer la philosophie positive. Maintenant que l'esprit humain a fondé la physique céleste, la physique ter-

1. Le dogme du *droit divin* provient de l'application de la philosophie *théologique* à la politique ; le dogme de la *souveraineté du peuple* appartient à la politique métaphysique. Comme elle fait d'ordinaire, la métaphysique s'est contentée de traduire en langage abstrait une imagination de la théologie : la souveraineté du peuple, ce n'est pas autre chose que l'ancien droit divin des rois devenu droit sacré du peuple. Cette revendication révolutionnaire a eu son utilité pour permettre des essais de régimes divers, des *expériences politiques* jusqu'à ce qu'on arrivât, par une méthode rationnelle, à la véritable notion des rapports entre les diverses souverainetés.

Ces deux types de doctrines sont en antagonisme continu et se neutralisent mutuellement. Lorsque la doctrine rétrograde obtient le pouvoir, elle s'oppose à l'*anarchie* qui naîtrait de l'école critique (uniquement destructive). De son côté, la politique métaphysique empêche la réaction rétrograde de réussir complètement, en la montrant incapable de réaliser le progrès. On est maintenant fatigué de ces « contestations interminables », mais elles ont eu leur utilité qui est d'avoir dégagé pour la science les données du problème à résoudre : en effet, la politique théologique se réclame de *l'ordre*, et la politique métaphysique revendique les droits du *progrès. Concilier l'ordre et le progrès*, voilà ce qui reste à faire et ce qui constitue la tâche du positivisme. On aperçoit nettement le but à atteindre : il faut réaliser un état social plus *progressif* que la politique théologique et *plus organique* que la politique métaphysique.

2. La classification des sciences démontrera que c'est bien la seule lacune. Mais la pensée est claire dès à présent : les

restre, soit mécanique, soit chimique; la physique
organique, soit végétale, soit animale, il lui reste à
terminer le système des sciences d'observation en
fondant la *physique sociale*. Tel est aujourd'hui, sous
plusieurs rapports capitaux, le plus grand et le plus
pressant besoin de notre intelligence : tel est, j'ose le
dire, le premier but de ce cours, son but spécial [1].

Les conceptions que je tenterai de présenter relativement à l'étude des phénomènes sociaux, et dont
j'espère que ce discours laisse déjà entrevoir le germe,
ne sauraient avoir pour objet de donner immédiatement
à la physique sociale le même degré de perfection
qu'aux branches antérieures de la philosophie naturelle, ce qui serait évidemment chimérique, puisque
celles-ci offrent déjà entre elles à cet égard une ex-

phénomènes sociaux étant les plus compliqués et dépendant
de tous les autres, quand on aura rendu leur science rationnelle et positive, on pourra être assuré qu'à plus forte raison
toutes les sciences antérieures présentent le même caractère,
et qu'il ne reste plus dans la nature aucune classe de faits
auxquels on ne sache appliquer la méthode positive.

1. Comte n'a entrepris son enquête encyclopédique sur les
sciences que pour faire profiter la sociologie de tous les perfectionnements qu'avaient pu conquérir les diverses méthodes de la connaissance. Le positivisme est une tentative, —
la plus vaste et la plus féconde qu'on ait jamais vue, — pour
étendre à l'étude des faits sociaux les progrès réalisés par
l'étude des phénomènes physiques. C'est pourquoi l'expression *physique sociale* correspond si exactement au dessein de
Comte : trouver les lois d'assimilation et de prévision qui
permettront de traiter rationnellement la politique comme
un *art* correspondant à une science non encore existante.

trême inégalité[1], d'ailleurs inévitable. Mais elles seront destinées à imprimer à cette dernière classe de nos

[1]. Cette inégalité tient à ce qu'à mesure que les phénomènes deviennent plus complexes, il est de moins en moins possible de leur appliquer les méthodes d'analyse mathématiques ; la physique est bien plus expérimentale que déductive et les faits chimiques ne se laissent pas traiter analytiquement. Les mathématiques ont dû se limiter aux sciences des phénomènes inorganiques, et, jusque dans ce domaine, elles sont destinées à rétrograder quand les physiciens, convenablement éduqués, sauront rejeter les vaines hypothèses sur le mode de production des phénomènes qu'ils étudient. La réforme de Descartes n'a été que provisoirement nécessaire, et comme impulsion à donner aux recherches positives. Elle doit maintenant céder la place à une rénovation philosophique plus compréhensive et plus vraie.

On se tromperait cependant, si l'on concluait de cette inégalité de perfection dans les différentes sciences à une infériorité de certaines d'entre elles, en ce qui concerne leur aptitude à devenir positives. Il demeure vrai que, plus les phénomènes sont complexes, plus l'emploi de la déduction est malaisé. Mais, en revanche, les lois établies inductivement par les sciences arrivées les premières à la maturité positive peuvent être traitées déductivement par les sciences portant sur des phénomènes plus complexes. Par exemple, en sociologie, l'explication de chacune des phases de l'évolution pourra être déduite d'une loi fondamentale de la nature humaine, laquelle avait dû être établie inductivement en physiologie. Il y a donc, entre la déduction et l'induction, une sorte d'équilibre et de compensation réciproque qui fait que, somme toute, les sciences se valent les unes les autres sous le rapport de leur rationalité et de leur positivité — à condition, bien entendu, qu'elles soient absolument libérées de toute influence métaphysique.

connaissances ce caractère positif [1] déjà pris par toutes les autres. Si cette condition est une fois réellement remplie, le système philosophique des modernes sera enfin fondé dans son ensemble ; car aucun phénomène observable ne saurait évidemment manquer de rentrer dans quelqu'une des cinq grandes catégories dès lors établies des phénomènes astronomiques, physiques, chimiques, physiologiques et sociaux. Toutes nos conceptions fondamentales étant devenues homogènes, la philosophie sera définitivement constituée à l'état positif ; sans jamais pouvoir changer de caractère, il ne lui restera qu'à se développer indéfiniment par les acquisitions toujours croissantes qui résulteront inévitablement de nouvelles observations ou de méditations plus profondes. Ayant acquis par là le caractère d'universalité qui lui manque encore, la philosophie positive deviendra capable de se substituer entièrement, avec toute sa supériorité naturelle, à la philosophie

1. Voici quels seront les effets de l'application de la méthode positive.

1° La méthode positive *subordonne l'imagination à l'observation*, c'est-à-dire qu'elle assigne pour rôle à l'imagination ; A) de coordonner, par une représentation d'ensemble, les faits observés ; B), de préparer l'observation au moyen de l'hypothèse ; — 2° fait *passer les notions de l'état absolu à l'état relatif*, c'est à-dire astreint la spéculation théorique à ne pas être plus ambi tieuse que ne le permet l'état de perfectionnement de l'ob servation ; — 3° soumet les phénomènes sociaux à des) qui *définissent l'action politique possible en fonction d'une époque donnée ot d'une société donnée*, interdisent par là même cette action à l'ingérence arbitraire des hommes d'État sans compétence, et *permettent la prévision*.

théologique et à la philosophie métaphysique, dont
cette universalité est aujourd'hui la seule propriété
réelle, et qui, privées d'un tel motif de préférence,
n'auront plus pour nos successeurs qu'une existence
historique[1].

VII. — Le but spécial de ce cours étant ainsi exposé,
il est aisé de comprendre son second but, son but général, ce qui en fait un cours de philosophie positive,
et non pas seulement un cours de physique sociale.

1. S'il n'y a que deux modes de raisonnement possibles
en philosophie : le mode théologico-métaphysique et le mode
positif, et, si l'insuffisance de la théologie à expliquer l'universalité des phénomènes est démontrée, il s'ensuivra que le
régime positiviste se substituera de lui-même à la théologie
et à la métaphysique. En réalité, la théologie n'a jamais pos-
sédé vraiment ce caractère d'universalité auquel elle prétend ;
certains phénomènes, tels que ceux de la pesanteur, ou bien
les faits psychologiques, lui ont toujours échappé. Le positivisme est plus satisfaisant, au double point de vue de l'unité
de méthode et de l'homogénéité de doctrine. En somme, les
grands problèmes, auxquels la religion apportait autrefois une
solution dont l'humanité se contentait, sont relatifs à l'ensemble des choses. Mais, maintenant que nous avons une
méthode et une doctrine concernant l'étude du détail des
phénomènes, pourquoi ne l'étendrions-nous pas tout naturellement à leur ensemble ? Notre intelligence a *besoin
d'unité* et la théologie répondait à ce besoin ; mais la philosophie positive y répond incomparablement mieux. Ce n'est
pas tout : notre intelligence a besoin *d'explication rationnelle*
et ici le positivisme triomphe, puisque seul il *démontre* ce qui
doit être objet de croyance.

Par lui, la raison et le cœur sont enfin mis d'accord. La
substitution du positivisme à la théologie est donc nécessaire.
Et elle sera *pacifique*. En effet, le recours à la violence n'est

En effet, la fondation de la physique sociale complétant enfin le système des sciences naturelles, il devient possible et même nécessaire de résumer les diverses connaissances acquises, parvenues alors à un état fixe et homogène, pour les coordonner en les présentant comme autant de branches d'un tronc unique, au lieu de continuer à les concevoir seulement comme autant de corps isolés[1]. C'est à cette fin qu'avant de procéder

inévitable que lorsqu'il n'y a aucun système tout préparé pour remplacer ce qu'on détruit. Cela a été le cas pour la Révolution française : la métaphysique, capable seulement de nier, impuissante à organiser, ne possédait d'autre ressource que de s'imposer par la force. La *supériorité organique* du positivisme suffit à lui assurer la victoire.

1. Dans l'intérêt même des sciences, une réorganisation systématique de leur ensemble est devenue indispensable. Sans une telle réorganisation, les inconvénients de la division du travail iront s'accentuant : l'ignorance où sera chaque savant des procédés de méthode perfectionnés par quelque science qu'il n'a pas étudiée fera perdre à l'humanité le bénéfice des acquisitions antérieures (58e leçon). Le positivisme, en assujettissant la hiérarchie des sciences à suivre *l'ordre de complexité* des faits, nous donne, au terme de ce progrès, la systématisation universelle enfin réalisée dans la science portant sur les derniers et les plus complexes d'entre les phénomènes : la physique sociale. En effet, les phénomènes sociaux, qui enveloppent tous les phénomènes plus simples, permettent de coordonner toutes les lois scientifiques en les rapportant à l'humanité.

Pour comprendre l'allusion à l'unité des sciences [«... en les présentant comme autant de branches d'un tronc *unique*... »], il faut savoir que l'*unité* cherchée par Comte est un résultat de la *prédominance*. Deux sortes de connaissances seulement peuvent être prédominantes : ou bien la mathé-

à l'étude des phénomènes sociaux, je considérerai successivement, dans l'ordre encyclopédique annoncé plus
haut, les différentes sciences positives déjà formées.

Il est superflu, je pense, d'avertir qu'il ne saurait
être question ici d'une suite de cours spéciaux sur chacune des branches principales de la philosophie naturelle. Sans parler de la durée matérielle d'une entreprise semblable, il est clair qu'une pareille prétention
serait insoutenable de ma part, et je crois pouvoir

matique, à cause de *l'extension universelle de ses principes*,
ou bien la physique sociale, parce qu'elle est apte à résumer
tous les états de l'esprit scientifique en nous les faisant
concevoir *comme des moments de l'évolution humaine.*

Or, l'étude historique de l'évolution montre que le progrès
des sciences tendait vers la sociologie. La suprématie des
mathématiques (due à Descartes) n'était nécessaire que provisoirement, et tant que cette science pouvait seule contenter
le besoin intellectuel de rationalité et de positivité. Mais la
sociologie, étant entrée dans la phase positive, est apte dorénavant à satisfaire toutes nos exigences mentales. Pour le
prouver, comparons les mathématiques à la sociologie.

Au point de vue logique : 1° la science sociale formule et
utilise toutes les méthodes, notamment les méthodes *comparative* et *historique*, qui n'étaient qu'impliquées en germe
dans la recherche des lois mathématiques; 2° la sociologie
nous débarrasse à jamais du préjugé de l'absolu en rendant les lois de tous les phénomènes *relatives a l'humanite*,
3° elle nous donne, bien plus énergiquement que les mathématiques, la certitude de *l'invariabilité des lois naturelles*
que les géomètres sont portés à nier lorsqu'il s'agit de phénomènes trop complexes pour être réduits en équations. —
Au point de vue scientifique, l'insuffisance de la mathématique à gouverner désormais l'ensemble de nos connaissances
est manifeste, si l'on songe au caractère tout *abstrait* d'une

ajouter de la part de qui que ce soit, dans l'état actuel de l'éducation humaine[1]. Bien au contraire, un cours de la nature de celui-ci exige, pour être convenablement entendu, une série préalable d'études spéciales sur les diverses sciences qui y seront envisagées. Sans cette condition, il est bien difficile de sentir et impossible de juger les réflexions philosophiques dont ces sciences seront les sujets. En un mot, c'est un *Cours de philosophie positive*, et non de sciences positives, que je

universalité qui tient uniquement à ce que l'étude ne porte que sur des phénomènes très élémentaires. Mais la mathématique est incapable de s'étendre à des faits aussi compliqués que ceux dont la sociologie détermine les lois. L'universalité *réelle* de la science sociale et l'action *réformatrice* qu'elle peut exercer sur toutes les autres disciplines intellectuelles viennent de ce qu'elle assujettit toutes les idées scientifiques à une loi positive de développement : la loi de la dynamique sociale. C'est à l'esprit sociologique que Comte attribue la formation de doctrines telles que, en chimie, celle du « dualisme fondamental », en physique la théorie des hypothèses, la distinction entre l'astronomie sidérale et l'astronomie solaire, la rectification des bases de la mécanique rationnelle, du système des conceptions géométriques et des fondements de l'analytique.

La sociologie est seule capable de présider au développement de la science concrète et de l'esthétique, auxquelles la prédominance des mathématiques ne saurait que nuire. Elle favorise la science concrète par la *complexité de ses vues*, et l'habitude qu'elle a des *considérations d'ensemble*. Elle favorise l'esthétique en subordonnant le beau au vrai, et en réalisant l'unité humaine.

1. A cause des spécialisations rendues nécessaires par la division du travail.

me propose de faire. Il s'agit uniquement ici de considérer chaque science fondamentale dans ses relations
avec le système positif tout entier, et quant à l'esprit
qui la caractérise, c'est-à-dire, sous le double rapport
de ses méthodes essentielles [1] et de ses résultats principaux. Le plus souvent même, je devrai me borner à
mentionner ces derniers d'après les connaissances spéciales pour tâcher d'apprécier leur importance.

Afin de résumer les idées relativement au double but
de ce cours, je dois faire observer que les deux objets,
l'un spécial, l'autre général, que je me propose, quoique
distincts en eux-mêmes, sont nécessairement inséparables. Car, d'un côté, il serait impossible de concevoir
un cours de philosophie positive sans la fondation de la
physique sociale; puisqu'il manquerait alors d'un élément essentiel, et que, par cela seul, les conceptions
ne sauraient avoir ce caractère de généralité qui doit
en être le principal attribut, et qui distingue notre
étude actuelle de la série des études spéciales. D'un
autre côté, comment procéder avec sûreté à l'étude positive des phénomènes sociaux, si l'esprit n'est d'abord
préparé par la considération approfondie des méthodes
positives déjà jugées pour les phénomènes moins compliqués, et muni, en outre, de la connaissance des lois
principales des phénomènes antérieurs, qui toutes in-

---

1. Ce sera là forcément le point de vue capital; car, d'une
part, les phénomènes ne sont que l'occasion de la science,
qui consiste essentiellement en lois de liaison et en procédés
de découverte; d'autre part, la masse des faits est actuellement impossible à posséder dans la totalité.

fluent, d'une manière plus ou moins directe, sur les faits sociaux ?

Bien que toutes les sciences fondamentales n'inspirent pas aux esprits vulgaires un égal intérêt, il n'en est aucune qui doive être négligée dans une étude comme celle que nous entreprenons. Quant à leur importance pour le bonheur de l'espèce humaine, toutes sont certainement équivalentes, lorsqu'on les envisage d'une manière approfondie. Celles, d'ailleurs[1], dont les résultats présentent, au premier abord, un moindre intérêt pratique, se recommandent éminemment, soit par la plus grande perfection de leurs méthodes, soit comme étant le fondement indispensable de toutes les autres. C'est une considération sur laquelle j'aurai spécialement occasion de revenir dans la prochaine leçon.

Pour prévenir, autant que possible, toutes les fausses interprétations qu'il est légitime de craindre sur la nature d'un cours aussi nouveau que celui-ci, je dois ajouter sommairement aux explications précédentes quelques considérations directement relatives à cette universalité de connaissances spéciales[2], que des juges irréfléchis pourraient regarder comme la tendance de ce cours, et qui est envisagée à si juste raison comme tout à fait contraire au véritable esprit de la philosophie positive[3]. Ces considérations auront, d'ailleurs,

1. Par exemple les mathématiques.
2. C'est-à-dire de connaissances portant sur chacune des catégories de phénomènes.
3. Parce que c'est le fait d'une culture uniquement théologique et métaphysique que de se contenter sur toutes choses

l'avantage plus important de présenter cet esprit sous
un nouveau point de vue, propre à achever d'en éclaircir la notion générale.

Dans l'état primitif de nos connaissances, il n'existe
aucune division régulière parmi nos travaux intellectuels; toutes les sciences sont cultivées simultanément
par les mêmes esprits. Ce mode d'organisation des
études humaines, d'abord inévitable et même indispensable, comme nous aurons lieu de le constater plus
tard, change peu à peu, à mesure que les divers ordres
de conceptions se développent. Par une loi dont la
nécessité est évidente, chaque branche du système
scientifique se sépare insensiblement du tronc, lorsqu'elle a pris assez d'accroissement pour comporter
une culture isolée, c'est-à-dire quand elle est parvenue
à ce point de pouvoir occuper à elle seule l'activité
permanente de quelques intelligences. C'est à cette
répartition des diverses sortes de recherches entre
différents ordres de savants, que nous devons évidemment le développement si remarquable qu'a pris enfin
de nos jours chaque classe distincte des connaissances
humaines, et qui rend manifeste l'impossibilité, chez
les modernes, de cette universalité de recherches spéciales, si facile et si commune dans les temps antiques.
En un mot, la division du travail intellectuel, perfec-
tionnée de plus en plus, est un des attributs caracté-

de notions superficielles. L'esprit positif exige que, par une
étude approfondie et une pratique personnelle de chaque
science, on se pénètre de son esprit et de ses méthodes, on se
mette au courant de sa contribution aux progrès de l'humanité.

ristisques les plus importants de la philosophie positive [1].

Mais, tout en reconnaissant les prodigieux résultats
de cette division, tout en voyant désormais en elle la
véritable base fondamentale de l'organisation générale
du monde savant, il est impossible, d'un autre côté, de
n'être pas frappé des inconvénients capitaux qu'elle
engendre dans son état actuel, par l'excessive particu-
larité des idées qui occupent exclusivement chaque intelligence individuelle. Ce fâcheux effet est sans doute
inévitable jusqu'à un certain point, comme inhérent au
principe même de la division ; c'est-à-dire que, par aucune mesure quelconque, nous ne parviendrons jamais
à égaler sous ce rapport les anciens, chez lesquels une
telle supériorité ne tenait surtout qu'au peu de développement de leurs connaissances. Nous pouvons néan-

---

1. Comte ne méconnaît donc nullement les exigences et les
avantages de la division du travail. Dans ses leçons sur la
physique sociale, il montre que les groupements humains
reposent sur le principe intellectuel de la *coopération*, et qu'il
n'y a point de solidarité sans distribution des tâches. Cette
division s'étend même aux divers peuples dont chacun travaille, selon son point de vue propre et selon son caractère
national, à l'œuvre commune. Mais la division du travail n'est
pas sans inconvénients intellectuels et moraux. Elle développe l'esprit de détail au détriment de l'esprit d'ensemble, et
la préoccupation de l'intérêt individuel au détriment de la
sympathie générale.

Nous verrons, à propos du *Discours sur l'esprit positif*,
que Comte assigne pour rôle au gouvernement de prévenir
les abus qui résulteraient de ces perversions intellectuelles
et morales ; il indique ici le remède le plus efficace qui est,
selon lui, dans la fondation de la philosophie positive.

moins, ce me semble, par des moyens convenables, éviter les plus pernicieux effets de la spécialité exagérée, sans nuire à l'influence vivifiante de la séparation des recherches. Il est urgent de s'en occuper sérieusement : car ces inconvénients, qui, par leur nature, tendent à s'accroître sans cesse, commencent à devenir très sensibles. De l'aveu de tous, les divisions, établies pour la plus grande perfection de nos travaux, entre les diverses branches de la philosophie naturelle, sont finalement artificielles [1]. N'oublions pas que, nonobstant cet aveu, il est déjà bien petit dans le monde savant, le nombre des intelligences embrassant dans leurs conceptions l'ensemble même d'une science unique, qui n'est cependant à son tour qu'une partie d'un grand tout. La plupart se bornent déja entièrement à la considération isolée d'une section plus ou moins étendue d'une science déterminée, sans s'occuper beaucoup de la relation de ces travaux particuliers avec le système général des connaissances positives. Hâtons-nous de remédier au mal, avant qu'il soit devenu plus grave. Craignons que l'esprit humain ne finisse par se perdre dans les travaux de détail. Ne nous dissimulons pas que c'est là essentiellement le côté faible par lequel les partisans de la philosophie théologique et de la philosophie

1. Proviennent d'abstractions préliminaires rendues inévitables par la nature de l'esprit humain, mais ne correspondant pas exactement à la réalité des faits. Un phénomène n'est pas purement physique ou biologique ou social : il est tout cela ensemble et, si nous en partageons l'étude entre des sciences diverses, il faut bien convenir que c'est par un artifice.

métaphysique peuvent encore attaquer avec quelque
espoir de succès la philosophie positive[1].

Le véritable moyen d'arrêter l'influence délétère dont
l'avenir intellectuel semble menacé, par suite d'une
trop grande spécialisation des recherches individuelles,
ne saurait être, évidemment, de revenir à cette antique
confusion de travaux, qui tendrait à faire rétrograder
l'esprit humain, et qui est, d'ailleurs, aujourd'hui heureusement devenue impossible. Il consiste, au contraire,
dans le perfectionnement de la division du travail elle-
même. Il suffit, en effet, de faire de l'étude des généralités scientifiques une grande spécialité de plus. Qu'une
classe nouvelle de savants, préparés par une éducation
convenable, sans se livrer à la culture spéciale d'aucune
branche particulière de la philosophie naturelle, s'occupe uniquement, en considérant les diverses sciences
positives dans leur état actuel, à déterminer exactement l'esprit de chacune d'elles, à découvrir leurs relations et leur enchaînement, à résumer, s'il est possible,
tous leurs principes propres en un moindre nombre de
principes communs, en se conformant sans cesse aux
maximes fondamentales de la méthode positive. Qu'en
même temps, les autres savants, avant de se livrer à
leurs spécialités respectives, soient rendus aptes, désormais, par une éducation portant sur l'ensemble des
connaissances positives, à profiter immédiatement des
lumières répandues par ces savants voués à l'étude des
généralités, et réciproquement à rectifier leurs résul-

1. En opposant au morcellement de la science positive
leurs doctrines soi-disant universelles.

tats, état de choses dont les savants actuels se rapprochent visiblement de jour en jour[1]. Ces deux grandes conditions une fois remplies, et il est évident qu'elles peuvent l'être, la division du travail dans les sciences sera poussée, sans aucun danger, aussi loin que le développement des divers ordres de connaissance l'exi-

[1]. Comparant, dans la 35ᵉ leçon, l'état actuel de la chimie avec ce que la définition de cette science exigerait qu'elle fût, Comte remarque qu'il *n'y a pas de science qui ne se montre inférieure à sa définition*. On voit par là quelle est la différence précise entre la fonction du philosophe et celle du savant spécialiste ; ce dernier ne concevra jamais de sa propre science qu'une idée incomplète. C'est la tâche du philosophe que de dégager, à partir des travaux spéciaux, la notion idéale d'une science et de proposer ce modèle aux efforts des professionnels. On peut attendre les plus grands bienfaits de cette action finale du positivisme sur les sciences. Elles y gagneront en *cohérence*, en *stabilité*, en *homogénéité* (60ᵉ leçon). Le *bon sens*, dont le positivisme n'est que l'expression philosophique, prendra une extension universelle. Les savants auront le sentiment profond de *l'invariabilité des lois naturelles*, ainsi que du *caractère relatif et social* de toutes nos connaissances. Les sciences abstraites deviendront indépendantes et harmonieuses : harmonieuses, puisque toutes tendront vers la sociologie ; indépendantes, puisque chacune aura sa méthode définie, et puisque la sociologie ne pourra jamais, vu sa complexité, être absorbée par aucune d'entre elles. Quant à leur constitution interne, les inconvénients actuels du régime dispersif (qui sacrifie le besoin de *liaison* à l'exactitude du détail) seront évités par la prédominance de la philosophie positive. Les connaissances pratiques seront rendues rationnelles par la démonstration *de la solidarité entre l'action et la prévision*. Des arts aussi importants que la politique ou la médecine recevront un

gera. Une classe distincte[1], incessamment contrôlée par toutes les autres, ayant pour fonction propre et permanente de lier chaque nouvelle découverte particulière au système général, on n'aura plus à craindre qu'une trop grande attention donnée aux détails empêche d'apercevoir jamais l'ensemble. En un mot l'organisation moderne du monde savant sera dès lors complètement fondée, et n'aura qu'à se développer indéfiniment, en conservant toujours le même caractère.

Former ainsi de l'étude des généralités scientifiques une section distincte du grand travail intellectuel, c'est simplement étendre l'application du même principe de division qui a successivement séparé les diverses spécialités ; car, tant que les différentes sciences positives ont été peu développées, leurs relations mutuelles ne pouvaient avoir assez d'importance pour donner lieu, au moins d'une manière permanente, à une classe particulière de travaux, et en même temps la nécessité de cette nouvelle étude était bien moins urgente. Mais

développement convenable, sous l'influence d'une méthode qui leur permettra enfin d'utiliser les perfectionnements de la biologie et de la physique sociale.

Le rôle des spécialistes étroits ne pouvait qu'être transitoire : il s'agissait de faire passer successivement les diverses parties de la science à l'état de positivité. Mais l'esprit analytique n'est propre qu'à amasser des matériaux. L'âge de la *généralité rationnelle* et de *l'esprit synthétique* est maintenant venu. Il faut que les biologistes et les sociologues obtiennent l'ascendant qui était réservé jusque-là aux géomètres, et que se constitue un *pouvoir spirituel*, en la possession d'une classe nouvelle, chargée de diriger l'éducation.

1. La classe des philosophes positifs.

aujourd'hui chacune de ces sciences a pris séparément assez d'extension pour que l'examen de leurs rapports mutuels puisse donner lieu à des travaux suivis, en même temps que ce nouvel ordre d'études devient indispensable pour prévenir la dispersion des conceptions humaines.

Telle est la manière dont je conçois la destination de la philosophie positive dans le système général des sciences positives proprement dites. Tel est, du moins, le but de ce cours.

VIII. — Maintenant que j'ai essayé de déterminer, aussi exactement qu'il m'a été possible de le faire, dans ce premier aperçu, l'esprit général d'un cours de philosophie positive, je crois devoir, pour imprimer à ce tableau tout son caractère, signaler rapidement les principaux avantages généraux que peut avoir un tel travail, si les conditions essentielles en sont convenablement remplies relativement aux progrès de l'esprit humain. Je réduirai ce dernier ordre de considérations à l'indication de quatre propriétés fondamentales.

Premièrement, l'étude de la philosophie positive, en considérant les résultats de l'activité de nos facultés intellectuelles, nous fournit le seul vrai moyen rationnel de mettre en évidence les lois logiques de l'esprit humain [1], qui ont été recherchées jusqu'ici par des voies si peu propres à les dévoiler [2].

1. Entendez : les lois psychologiques.
2. La psychologie positive, que Comte appelle *physiologi-phrénologique*, vient à peine d'être fondée par Gall et par Cabanis, qui a vu l'utilité de la méthode biologique pour révéler les phénomènes inconscients. Ce retard tient d'abord à l'in-

Pour expliquer convenablement ma pensée à cet
égard, je dois d'abord rappeler une conception philosophique de la plus haute importance, exposée par M. de
Blainville dans la belle introduction de ses *Principes
généraux d'anatomie comparée*. Elle consiste en ce que
tout être actif, et spécialement tout être vivant, peut
être étudié, dans tous ses phénomènes, sous deux rapports fondamentaux, sous le rapport statique et sous
le rapport dynamique, c'est-à-dire comme apte à agir
et comme agissant effectivement. Il est clair, en effet,
que toutes les considérations qu'on pourra présenter
rentreront nécessairement dans l'un ou l'autre mode.

fluence de Descartes qui en « instituant une vaste hypothèse mécanique sur la théorie fondamentale des phénomènes les plus simples et les plus universels, étendit
successivement le même esprit philosophique aux différentes
notions élémentaires relatives au monde inorganique et y
subordonna finalement aussi l'étude des principales fonctions physiques de l'organisme normal », mais arrêta brusquement son impulsion réformatrice « en arrivant aux fonctions affectives et intellectuelles dont il constitua formellement l'étude spéciale en apanage exclusif de la philosophie
métaphysico-théologique » (45ᵉ leçon). En outre, les principes positivistes sur la hiérarchie scientifique expliquent
pourquoi cette partie de la physiologie ne devait atteindre
qu'aussi tardivement la phase positive : « puisqu'elle se rapporte évidemment aux phénomènes les plus compliqués et
les plus spéciaux de l'économie animale... elle ne pouvait
être abordée... que lorsque les principales conceptions
scientifiques relatives à la vie organique et ensuite les
notions les plus élémentaires de la vie animale auraient
d'abord été au moins ébauchées : en sorte que Gall ne pouvait venir qu'après Bichat. » (*Ibid.*)

Appliquons cette lumineuse maxime fondamentale à l'étude des fonctions intellectuelles.

Si l'on envisage ces fonctions sous le point de vue statique, leur étude ne peut consister que dans la détermination des conditions organiques dont elle dépendent : elle forme ainsi une partie essentielle de l'anatomie et de la physiologie. En les considérant sous le point de vue dynamique, tout se réduit à étudier la marche effective de l'esprit humain en exercice, par l'examen des procédés réellement employés pour ob_tenir les diverses connaissances exactes qu'il a déjà acquises, ce qui constitue essentiellement l'objet général de la philosophie positive, ainsi que je l'ai définie dans ce discours. En un mot, regardant toutes les théories scientifiques comme autant de grands faits logiques, c'est uniquement par l'observation approfondie de ces faits qu'on peut s'élever à la connaissance des lois logiques [1].

1. « En revenant aux premières notions du bon sens philosophique, il est d'abord évident qu'aucune fonction ne saurait être étudiée relativement à l'organe qui l'accomplit, ou quant aux phénomènes de son accomplissement ; et, en second lieu, que les fonctions affectives, et surtout les fonctions intellectuelles, présentent, par leur nature, sous ce dernier rapport, ce caractère particulier de ne pouvoir pas être directement observées pendant leur accomplissement même, mais seulement dans ses résultats plus ou moins prochains et plus ou moins durables. Il n'y a donc que deux manières distinctes de considérer réellement un tel ordre de fonctions : ou en déterminant, avec toute la précision possible, les diverses conditions organiques dont elles dépendent, ce qui constitue le principal objet de la phy-

Telles sont évidemment les deux seules voies générales, complémentaires l'une de l'autre, par lesquelles
on puisse arriver à quelques notions rationnelles véritables sur les phénomènes intellectuels. On voit que,
sous aucun rapport, il n'y a place pour cette psychologie illusoire, dernière transformation de la théologie [1],
qu'on tente si vainement de ranimer aujourd'hui, et
qui, sans s'inquiéter ni de l'étude physiologique de nos
organes intellectuels [2], ni de l'observation des procédés
rationnels qui dirigent effectivement nos diverses recherches scientifiques [3], prétend arriver à la découverte
des lois fondamentales de l'esprit humain, en le con-

siologie phrénologique; ou en observant directement la
suite effective des actes intellectuels et moraux, ce qui appartient plutôt à l'histoire naturelle proprement dite..., ces
deux faces inséparables d'un sujet unique étant d'ailleurs
toujours conçues de façon à s'éclairer mutuellement. Ainsi
envisagée, cette grande étude se trouve indissolublement
liée, d'une part, à l'ensemble des parties antérieures de la
philosophie naturelle, et plus spécialement aux doctrines
biologiques fondamentales ; d'une autre part, à l'ensemble de
l'histoire réelle, tant des animaux que de l'homme et même
de l'humanité. » (45ᵉ leçon.) Ainsi au point de vue *statique*,
l'étude des *conditions* dont dépendent les faits intellectuels
appartient à la *biologie*. Au point de vue *dynamique*, l'étude
des lois *d'évolution*, en tant que cette évolution dépasse la
durée d'une vie individuelle, appartient à la *sociologie*.

1. La psychologie métaphysique ou idéologique, dont l'erreur capitale est de s'imaginer qu'on peut constituer une
science en appliquant à une catégorie de phénomènes des
procédés de méthode appris abstraitement.

2. Physiologie phrénologique.

3. Logique positive appliquée.

templant en lui-même, c'est-à-dire en faisant complètement abstraction et des causes et des effets.

La prépondérance de la philosophie positive est successivement devenue telle depuis Bacon ; elle a pris
aujourd'hui, indirectement, un si grand ascendant sur
les esprits même qui sont demeurés les plus étrangers
à son immense développement, que les métaphysiciens
livrés à l'étude de notre intelligence n'ont pu espérer
de ralentir la décadence de leur prétendue science
qu'en se ravisant pour présenter leurs doctrines
comme étant aussi fondées sur l'observation des faits.
A cette fin, ils ont imaginé, dans ces derniers temps,
de distinguer, par une subtilité fort singulière, deux
sortes d'observations d'égale importance, l'une extérieure, l'autre intérieure, et dont la dernière est uniquement destinée à l'étude des phénomènes intellectuels. Ce n'est point ici le lieu d'entrer dans la discussion
spéciale de ce sophisme fondamental. Je dois me borner
à indiquer la considération principale qui prouve clairement que cette prétendue contemplation directe de
l'esprit par lui-même est une pure illusion.

On croyait, il y a encore peu de temps, avoir expliqué la vision, en disant que l'action lumineuse des
corps détermine sur la rétine des tableaux représenta-
tifs des formes et des couleurs extérieures. A cela les
physiologistes ont objecté avec raison que, si c'était
comme *images* qu'agissaient les impressions lumi-
neuses, il faudrait un autre œil pour les regarder. N'en
est-il pas encore plus fortement de même dans le cas
présent?

Il est sensible, en effet, que, par une nécessité invin-

cible, l'esprit humain peut observer directement tous
les phénomènes, excepté les siens propres. Car, par
qui serait faite l'observation? On conçoit, relativement
aux phénomènes moraux, que l'homme puisse s'observer lui-même sous le rapport des passions qui l'animent,
par cette raison anatomique, que les organes qui en
sont le siège sont distincts de ceux destinés aux fonctions observatrices[1]. Encore même que chacun ait eu

1. Cette division des « facultés phrénologiques » est empruntée à Gall, qui localise les facultés affectives dans la
partie postérieure et moyenne du cerveau, la région antérieure étant seule occupée par les autres. Les facultés effectives elles-mêmes doivent être distinguées en *penchants* et
sentiments « dont les premiers résident dans la partie postérieure et fondamentale de l'appareil cérébral, et les facultés
intellectuelles en diverses *facultés perceptives* proprement
dites, dont l'ensemble constitue l'esprit d'observation, et un
petit nombre de facultés éminemment *réflectives*, les plus
élevées de toutes, composant l'esprit de combinaison, soit
qu'il compare ou qu'il coordonne; la partie antéro-supérieure
de la région frontale étant le siège exclusif de ces dernières ».
   Outre que cette classification par facultés est satisfaisante
au point de vue statique, Comte lui attribue le mérite de
servir de base à la morale positive, en montrant combien
l'affectivité est plus importante dans la nature humaine que
l'intelligence.
   Ce sont les préoccupations théologiques et métaphysiques
qui, pour justifier la croyance en l'immortalité de l'âme, ont
fait chercher dans la *pensée* les caractères du *moi*. En réalité
le moi n'est que la *conscience des sympathie et des synergies
de l'organisme*. Il n'est nullement propre à la nature humaine.
Il ne peut pas être le principe fondamental qu'y voient les
psychologues de l'école de Victor Cousin.

occasion de faire sur lui de telles remarques, elles ne
sauraient évidemment avoir jamais une grande importance scientifique, et le meilleur moyen de connaître
les passions sera-t-il toujours de les observer en dehors ;
car tout état de passion très prononcé, c'est-à-dire précisément celui qu'il serait le plus essentiel d'examiner,
est nécessairement incompatible avec l'état d'observation. Mais, quant à observer de la même manière les
phénomènes intellectuels pendant qu'ils s'exécutent,
il y a impossibilité manifeste [1]. L'individu pensant ne

1. Cette critique porte plutôt contre la théorie de la connaissance que contre la psychologie proprement dite. Comte
n'admet pas que les facultés intellectuelles puissent être
étudiées directement, c'est-à-dire autrement que dans les résultats de leur exercice, ailleurs que dans l'histoire des
sciences et des méthodes. Et la raison qu'il en donne, c'est
l'identité de l'organe cérébral qui observerait avec celui qui
serait observé. Mais l'étude des passions par l'intelligence demeure scientifiquement possible, bien que peu efficace. Dans
la 45° leçon, Comte fait valoir une autre critique contre la
méthode introspective : elle a le tort de se priver du secours
indispensable de la *comparaison :* « Une telle méthode, en la
supposant possible, devait tendre à rétrécir extrêmement
l'étude de l'intelligence, en la limitant, de toute nécessité, au
seul cas de l'homme adulte et sain, sans aucun espoir d'éclairer
jamais une doctrine aussi difficile par la comparaison des
différents âges, ni par la considération des divers états patho-
logiques unanimement reconnues néanmoins l'une et l'autre
comme d'indispensables auxiliaires des plus simples recherches
sur l'homme. » Enfin la psychologie introspective maintient
une séparation irrationnelle entre l'animal et l'homme.

Que sera la psychologie positive ? Comte a eu sur ce point
deux théories différentes. Dans le *Cours de philosophie po-*

saurait se partager en deux, dont l'un raisonnerait, tandis que l'autre regarderait raisonner. L'organe observé et l'organe observateur étant, dans ce cas, identiques, comment l'observation pourrait-elle avoir lieu?

Cette prétendue méthode psychologique est donc radicalement nulle dans son principe. Aussi, considérons à quels procédés profondément contradictoires elle conduit immédiatement ! D'un côté, on vous recommande de vous isoler, autant que possible, de toute sensation extérieure, il faut surtout vous interdire tout travail intellectuel ; car, si vous étiez seulement occupés à faire le calcul le plus simple, que deviendrait

sitive, il est d'accord avec Gall à propos de toutes les questions de principe et de méthode. La psychologie suppose *la connaissance de la sensibilité intérieure des ganglions cérébraux dépourvus d'appareil extérieur immédiat.* Les recherches auront lieu objectivement en mettant à profit les données de l'*évolution,* de la *pathologie* et de la *comparaison.* Le fait fondamental, c'est la relation entre les *conditions organiques* et les *dispositions ou propriétés.* A la spécialité des organes, doit correspondre la spécialité des fonctions. On fera des monographies destinées à montrer les différents aspects que peut prendre une même faculté.

Dans ses lettres à Stuart Mill, Comte commence à concevoir une autre idée de la science des faits intellectuels et moraux. L'étude de l'homme individuel lui paraît simplement préliminaire : il faut s'élever au point de vue social. Là lui paraît être la distinction entre la psychologie positiviste et la phrénologie de Gall. — « L'étude intellectuelle et morale ne saurait être convenablement instituée en pure biologie parce *que l'homme individuel constitue à cet égard un point de vue bâtard et même faux;* c'est seulement par la sociologie que cette opération doit être dirigée, puisque notre évolution

l'observation *intérieure* ? D'un autre côté, après avoir,
enfin, à force de précautions, atteint cet état parfait de
sommeil intellectuel, vous devrez vous occuper à contempler les opérations qui s'exécuteront dans votre
esprit lorsqu'il ne s'y passera plus rien ! Nos descendants verront sans doute de telles prétentions trans-
portées un jour sur la scène.

Les résultats d'une aussi étrange manière de procéder sont parfaitement conformes au principe. Depuis
deux mille ans que les métaphysiciens cultivent ainsi
la psychologie, ils n'ont pu encore convenir d'une seule
proposition intelligible et solidement arrêtée. Ils sont,

réelle est inintelligible sans la considération continue et
prépondérante de l'état social où tous les aspects quelconques
sont d'ailleurs pleinement solidaires » (corresp. de Comte et
de Mill, éd. Lévy-Bruhl p. 75). La phrénologie n'a donc pu
qu'ouvrir la voie à l'élaboration positive. Ses résultats seront
conservés, mais à condition de les rapprocher de ceux de l'a-
natomie et de la zoologie comparée et de les unifier sous l'influence de la sociologie. (*Ibid.* p. 81.)

Selon le *Système de politique positive*, la théorie de Gall
n'a plus qu'un intérêt historique : elle n'a été nécessaire qu'à
un certain moment et pour faciliter le passage entre la ·bio-
logie et la sociologie ; la méthode subjective devient prepon-
dérante, l'anatomie se subordonne à la physiologie au lieu
d'exiger une étude spéciale : c'est par les *fonctions mentales,*
tout d'abord connues, qu'on détermine l'anatomie cérébrale.
La méthode subjective portera, non point sur l'individu, mais
sur l'humanité, qui offre cet avantage d'être bien plus *durable*
et *accessible* à l'observation. Les inductions de la méthode
subjective sont contrôlées par la psychologie comparée selon
cette règle : *ne jamais attribuer à l'homme une faculté irréductible, si on ne la retrouve pas aussi chez les animaux.*

même aujourd'hui, partagés en une multitude d'écoles qui disputent sans cesse sur les premiers éléments de leurs doctrines. L'*observation intérieure* engendre presque autant d'opinions divergentes qu'il y a d'individus croyant s'y livrer[1].

Les véritables savants, les hommes voués aux études positives, en sont encore à demander vainement à ces psychologues de citer une seule découverte réelle, grande ou petite, qui soit due à cette méthode si vantée. Ce n'est pas à dire pour cela que tous leurs travaux aient été absolument sans aucun résultat relativement aux progrès généraux de nos connaissances, indépendamment du service éminent qu'ils ont rendu en soutenant l'activité de notre intelligence, à l'époque où elle ne pouvait avoir d'aliment plus substantiel. Mais on peut affirmer que tout ce qui, dans leurs écrits, ne consiste pas, suivant la judicieuse expression d'un illustre philosophe positif (M. Cuvier), en métaphores prises pour des raisonnements, et présente quelque notion véritable, au lieu de provenir de leur prétendue méthode, a été obtenu par des observations effectives sur la marche de l'esprit humain, auxquelles a dû donner naissance, de temps à autre, le développement des sciences. Encore même, ces notions si clairsemées, proclamées avec tant d'emphase, et qui ne sont dues qu'à l'infidélité des psychologues à leur prétendue mé-

---

1. Parce que la psychologie introspective, imbue d'esprit métaphysique, donne toute liberté à l'imagination, au lieu d'en assujettir l'exercice au contrôle des faits, selon les préceptes de la théorie positiviste de l'hypothèse

thode [1], se trouvent-elles le plus souvent ou fort exagérées, ou très incomplètes, et bien inférieures aux remarques déjà faites sans ostentation par les savants
sur les procédés qu'ils emploient. Il serait aisé d'en
citer des exemples frappants, si je ne craignais d'ac-
corder ici trop d'extension à une telle discussion :
voyez, entre autres, ce qui est arrivé pour la théorie
des signes [2].

Les considérations que je viens d'indiquer, relativement à la science logique, sont encore plus manifestes,
quand on les transporte à l'art logique [3].

1. L'introspection pure et simple.
2. Comte ne croit pas à l'*origine intentionnelle* des signes.
Voici comment il se représente la genèse du langage : l'émotion amène une expression qui réagit sur la cause de deux
manières ; d'abord, les mouvements d'expression étant les
mêmes que ceux de l'action correspondante, l'émotion en
s'exprimant devient par là même plus intense, — puis, en se
communiquant, elle fait appel à la sympathie. Le langage a
donc une origine affective, et les signes artificiels ne résultent
que d'une imitation des signes naturels. Quand les signes,
d'involontaires qu'ils étaient primitivement, deviennent
volontaires, c'est la sociologie qui explique cette transformation. Il a fallu que la vie en commun développât chez les
hommes la science de l'interprétation, et que la vie politique
réagît sur la vie domestique. Ainsi s'est opéré le passage des
gestes aux cris, à la poésie, à la prose ; ainsi s'est produite la
décomposition du dessin qui a donné l'écriture, la simplifica-
tion du chant qui a donné la parole.
3. La « science logique » c'est la connaissance positive des
lois auxquelles sont soumis les phénomènes cérébraux ; « l'art
logique », c'est l'art d'appliquer les lois, c'est-à-dire d'en
profiter pour rendre nos raisonnements plus parfaits. Il y a

En effet, lorsqu'il s'agit, non seulement de savoir ce que c'est que la méthode positive, mais d'en avoir une connaissance assez nette et assez profonde pour en pouvoir faire un usage effectif, c'est en action qu'il faut la considérer ; ce sont les diverses grandes applications déjà vérifiées que l'esprit humain en a faites qu'il convient d'étudier. En un mot, ce n'est évidemment que par l'examen philosophique des sciences qu'il est possible d'y parvenir. La méthode n'est pas susceptible d'être étudiée séparément des recherches où elle est employée ; ou, du moins, ce n'est là qu'une étude morte, incapable de féconder l'esprit qui s'y livre. Tout ce qu'on en peut dire de réel, quand on l'envisage abstraitement, se réduit à des généralités tellement vagues qu'elles ne sauraient avoir aucune influence sur le régime intellectuel. Lorsqu'on a bien établi, en thèse logique, que toutes nos connaissances doivent être fondées sur l'observation, que nous devons procéder tantôt des faits aux principes, et tantôt des principes aux faits, et quelques autres aphorismes semblables, on connaît beaucoup moins nettement la méthode que celui qui a étudié, d'une manière un peu approfondie, une seule science positive, même sans intention philosophique. C'est pour avoir méconnu ce fait essentiel que nos psychologues sont conduits à prendre leurs rêveries pour de la science, croyant

dans le positivisme une *logique théorique*, qui établit historiquement la permanence et la continuité des lois de l'esprit, et une *logique appliquée*, qui consiste dans l'étude des découvertes scientifiques, et a pour but de dégager les procédés dont l'homme s'est servi au cours de ces découvertes.

comprendre la méthode positive pour avoir lu les
préceptes de Bacon ou le discours de Descartes.

J'ignore si, plus tard, il deviendra possible de faire
a priori un véritable cours de méthode tout à fait indépendant de l'étude philosophique des sciences ; mais
je suis bien convaincu que cela est inexécutable aujour-
d'hui, les grands procédés logiques ne pouvant encore
être expliqués avec la précision suffisante séparément de leurs applications. J'ose ajouter, en outre, que
lors même qu'une telle entreprise pourrait être réalisée
dans la suite, ce qui, en effet, se laisse concevoir, ce
ne serait jamais néanmoins que par l'étude des applications régulières des procédés scientifiques qu'on
pourrait parvenir à se former un bon système d'habitudes intellectuelles ; ce qui est pourtant le but
essentiel de la méthode. Je n'ai pas besoin d'insister
davantage en ce moment sur un sujet qui reviendra
fréquemment dans toute la durée de ce cours, et à
l'égard duquel je présenterai spécialement de nouvelles considérations dans la prochaine leçon.

Tel doit être le premier grand résultat direct de la
philosophie positive, la manifestation par expérience
des lois que suivent dans leur accomplissement nos
fonctions intellectuelles, et, par suite, la connaissance
précise des règles générales convenables pour procéder sûrement à la recherche de la vérité[1].

---

1. La science doit être en accord avec la marche spontanée
de la raison publique. Toutes deux ont la même base, l'*observation des faits*, et le même but, la *préoccupation pratique*.
Entre ce point de départ et ce but, qui sont les mêmes pour

Une seconde conséquence, non moins importante, et d'un intérêt bien plus pressant, qu'est nécessairement destiné à produire aujourd'hui l'établissement de la philosophie positive définie dans ce discours, c'est de présider à la refonte générale de notre système d'éducation [1].

En effet, déjà les bons esprits reconnaissent unanimement la nécessité de remplacer notre éducation européenne, encore essentiellement théologique, métaphysique et littéraire, par une éducation *positive*, conforme à l'esprit de notre époque, et adaptée aux besoins de la civilisation moderne. Les tentatives variées qui se sont multipliées de plus en plus depuis un siècle, particulièrement dans ces derniers temps, pour répandre et pour augmenter sans cesse l'instruction positive, et auxquelles les divers gouvernements européens se sont toujours associés avec empressement quand ils n'en ont pas pris l'initiative, témoignent assez que, de toutes parts, se développe le sentiment

---

le savant et pour l'homme de simple bon sens, la tâche propre de la philosophie positive ne peut consister qu'à élaborer les procédés intermédiaires, c'est-à-dire à étudier les méthodes.

1. La réforme de l'éducation est primordiale dans la philosophie positive. Le grand reproche de Comte au socialisme, c'est que les communistes font passer l'*organisation du travail matériel* avant celle de l'éducation. De ce seul chef, leur réforme ne peut être que *nationale, empirique* et *révolutionnaire*. Le positivisme, au contraire, réorganise l'éducation avant de songer au travail. Aussi la réforme qu'il opère est-elle *occidentale, rationnelle* et *pacifique*.

spontané de cette nécessité. Mais, tout en secondant
autant que possible ces utiles entreprises, on ne doit
pas se dissimuler que, dans l'état présent de nos idées,
elles ne sont nullement susceptibles d'atteindre leur
but principal, la régénération fondamentale de l'éducation générale. Car la spécialité exclusive, l'isole-
ment trop prononcé[1] qui caractérisent encore notre
manière de concevoir et de cultiver les sciences, influent nécessairement à un haut degré sur la manière
de les exposer dans l'enseignement. Qu'un bon esprit
veuille aujourd'hui étudier les principales branches de
la philosophie naturelle, afin de se former un système
général d'idées positives, il sera obligé d'étudier séparément chacune d'elles d'après le même mode et dans
le même détail que s'il voulait devenir spécialement ou
astronome, ou chimiste, etc. ; ce qui rend une telle
éducation presque impossible et nécessairement fort
imparfaite, même pour les plus hautes intelligences
placées dans les circonstances les plus favorables.

1. Les inconvénients de cet état de choses apparaîtront
plus nettement dans la 2e leçon. Considérons, par exemple, la
chimie. Cette science est pratiquement la base même de
notre puissance matérielle, à cause de l'extrême *modifica-
bilité* des phénomènes qui y sont étudiés. Spéculativement,
elle devrait avoir pour effet d'introduire en biologie
l'*esprit d'ensemble*. Il faudrait, pour cela, qu'elle s'inspirât de
cet esprit d'ensemble. Or, les chimistes, d'après Comte,
témoignent au contraire d'un déplorable empirisme, qui tient
à ce qu'ils ne comprennent ni le but de leur science, ni sa
place exacte dans la série encyclopédique. Une éducation
rationnelle, dirigée par la philosophie positive, remédierait à
de tels maux.

Une telle manière de procéder serait donc tout à fait chimérique, relativement à l'éducation générale. Et néanmoins celle-ci exige absolument un ensemble de conceptions positives sur toutes les grandes classes de phénomènes naturels. C'est un tel ensemble qui doit devenir désormais, sur une échelle plus ou moins étendue, même dans les masses populaires, la base permanente de toutes les combinaisons humaines[1]; qui doit, en un mot, constituer l'esprit général de nos descendants. Pour que la philosophie naturelle puisse achever la régénération, déjà si préparée, de notre système intellectuel, il est donc indispensable que les différentes sciences dont elle se compose, présentées à toutes les intelligences comme les diverses branches d'un tronc unique, soient réduites d'abord à ce qui constitue leur esprit, c'est-à-dire, à leurs méthodes principales et à leurs résultats les plus importants. Ce n'est qu'ainsi que l'enseignement des sciences peut devenir parmi nous la base d'une nouvelle éducation générale vraiment rationnelle. Qu'ensuite à cette instruction fondamentale s'ajoutent les diverses études scientifiques spéciales qui doivent succéder à l'éducation générale, cela ne peut évidemment être mis en doute. Mais la considération essentielle que j'ai voulu indiquer ici consiste en ce que toutes ces spécialités, même péni-

---

1. Parce que la réforme politique des *institutions* ne peut venir qu'après la réforme des *mœurs*. Or les mœurs dépendent des *croyances*, et les croyances du *système des idées*. Il faut coordonner les sciences, afin de pouvoir réorganiser la société.

blement accumulées, seraient nécessairement insuffisantes pour renouveler réellement le système de notre éducation, si elles ne reposaient sur la base préalable de cet enseignement général, résultat direct de la philosophie positive définie dans ce discours.

Non seulement l'étude spéciale des généralités scientifiques est destinée à réorganiser l'éducation, mais elle doit aussi contribuer aux progrès particuliers des diverses sciences positives ; ce qui constitue la troisième propriété fondamentale que je me suis proposé de signaler.

En effet, les divisions que nous établissons entre nos sciences, sans être arbitraires, comme quelques-uns le croient, sont essentiellement artificielles [1]. En réalité, le sujet de toutes nos recherches est un ; nous ne le partageons que dans la vue de séparer les difficultés pour les mieux résoudre. Il en résulte plus d'une fois que, contrairement à nos répartitions classiques, des questions importantes exigeraient une certaine combinaison de plusieurs points de vue spéciaux, qui ne peut guère avoir lieu dans la constitution actuelle du monde savant ; ce qui expose à laisser ces problèmes sans solution beaucoup plus longtemps qu'il ne serait nécessaire. Un tel inconvénient doit se présenter surtout pour les doctrines les plus essentielles de chaque science positive en particulier. On en peut citer aisément des exemples très marquants, que je signalerai soigneuse-

1. Ces divisions seraient *arbitraires*, si elles provenaient du caprice ou des commodités de chaque esprit individuel. Mais elles résultent des conditions auxquelles l'humanité est nécessairement soumise dans l'étude des phénomènes.

ment, à mesure que le développement naturel de ce cours nous les présentera.

J'en pourrais citer, dans le passé, un exemple éminemment mémorable, en considérant l'admirable conception de Descartes relative à la géométrie analytique. Cette découverte fondamentale, qui a changé la face de la science mathématique, et dans laquelle on doit voir le véritable germe de tous les grands progrès ultérieurs, qu'est-elle autre chose que le résultat d'un rapprochement établi entre deux sciences, conçues jusqu'alors d'une manière isolée[1] ? Mais l'observation sera plus décisive en la faisant porter sur des questions encore pendantes.

Je me bornerai ici à choisir dans la chimie la doctrine si importante des proportions définies[2]. Certai-

---

1. L'algèbre et la géométrie.

2. La doctrine des proportions définies n'a pas pour objet la prévision : deux substances étant placées en relations chimiques dans des circonstances déterminées, elle permet d'évaluer la quantité précise de chacun des nouveaux produits. Elle simplifie l'ensemble du problème chimique en limitant le nombre des combinaisons possibles. Elle consiste en somme dans cette idée, solidaire de la doctrine atomistique : *tous les corps se combinent dans des rapports numériques constants.* L'importance philosophique d'une telle doctrine se conçoit dès l'abord, si l'on pense que la constitution de la « chimie numérique » en est sortie. En effet, la théorie des proportions définies permet « de représenter par un nombre invariable affecté à chacun des différents corps élémentaires, leurs rapports fondamentaux d'équivalence chimique, d'où, par des formules très simples, on passe aisément à la composition numérique propre à chaque combinaison. » (37ᵉ leçon.)

nement, la mémorable discussion élevée de nos jours,
relativement au principe fondamental de cette théorie,
ne saurait encore, quelles que soient les apparences,
être regardée comme irrévocablement terminée[1]. Car,
ce n'est pas là, ce me semble, une simple question de
chimie. Je crois pouvoir avancer que, pour obtenir à
cet égard une décision vraiment définitive, c'est-à-dire,
pour déterminer si nous devons regarder comme une
loi de la nature que les molécules se combinent nécessairement en nombres fixes, il sera indispensable de
réunir le point de vue chimique avec le point de vue
physiologique. Ce qui l'indique, c'est que, de l'aveu
même des illustres chimistes qui ont le plus puissamment contribué à la formation de cette doctrine, on

[1]. La question précise à décider entre les partisans des
proportions indéfinies et ceux des proportions définies est de
savoir si, outre les composés déterminés « assujettis à des
proportions fixes, entre les deux limites de toutes combinaisons, il existe ou non, en général, une série continue d'autres
composés intermédiaires, à caractères moins prononcés ; en
un mot, si, comme on le pense aujourd'hui, la proportion
définie constitue la règle, ou seulement, comme Berthollet
avait tenté de l'établir, l'exception, d'ailleurs très. importante
à considérer. » Il faudrait pouvoir procéder, pour terminer
la querelle, à un examen de tous les composés connus. Or,
la chimie organique présente une anomalie grave : « On voit
souvent un élément entrer, tantôt pour 150 à 200 atomes,
tantôt pour 2 ou 3, et offrir ensuite la plupart des degrés
intermédiaires, de telle sorte que, les divers composés de ce
genre présentant d'ailleurs les mêmes éléments essentiels,
l'ensemble de leur composition numérique réalise, à l'égard
de ces éléments, presque toutes les proportions imaginables.
Aussi les chimistes n'hésitent-ils point aujourd'hui à procla-

peut dire tout au plus qu'elle se vérifie constamment
dans la composition des corps inorganiques; mais elle
se trouve au moins aussi constamment en défaut dans
les composés organiques, auxquels il semble jusqu'à
présent tout à fait impossible de l'étendre. Or, avant
d'ériger cette théorie en un principe réellement fondamental, ne faudrait-il pas d'abord s'être rendu compte
de cette immense exception ? Ne tiendrait-elle pas à ce
même caractère général, propre à tous les corps organisés, qui fait que, dans aucun de leurs phénomènes, il
n'y a lieu à concevoir des nombres invariables? Quoi
qu'il en soit, un ordre tout nouveau de considérations,

mer plus ou moins franchement *que les substances organiques
échappent au principe des proportions définies.* » (*Ibid.*)

Comte propose une solution : les composés trop instables,
et qui ne doivent leur apparition qu'à la présence de la vie,
seront rattachés à la physiologie végétale ou animale. D'autre
part, la prétention des chimistes à distinguer entre des composés binaires, et d'autres, qu'ils appellent ternaires ou qua-
ternaires, est irrationnelle; la chimie ne fera de progrès que
sous l'influence de la doctrine du *dualisme* : il suffira de
considérer les substances organiques comme « des composés
binaires du second ordre, ou, tout au plus, du troisième, dont
les principes immédiats seraient seuls formés par la combinaison directe et toujours binaire de ces trois ou quatre
éléments » (c'est-à-dire ceux qu'aurait dégagés l'analyse
élémentaire). (*Ibid.*)

Quoi qu'il en soit de la valeur scientifique de cette théorie,
sur laquelle Comte fonde de grandes espérances, on voit
l'intérêt capital qu'il y a pour un spécialiste de la chimie à
être mis au courant des problèmes sur lesquels porte la
physiologie, et des ressources qu'elle présente pour les
résoudre.

appartenant également à la chimie et à la physiologie, est évidemment nécessaire pour décider finalement, d'une manière quelconque, cette grande question de philosophie naturelle.

Je crois convenable d'indiquer encore ici un second exemple de même nature, mais qui, se rapportant à un sujet de recherches bien plus particulier, est encore plus concluant pour montrer l'importance spéciale de la philosophie positive dans la solution des questions qui exigent la combinaison de plusieurs sciences. Je le prends aussi dans la chimie. Il s'agit de la question, encore indécise, qui consiste à déterminer si l'azote doit être regardé, dans l'état présent de nos connaissances, comme un corps simple ou comme un corps composé. Vous savez par quelles considérations purement chimiques l'illustre Berzélius est parvenu à balancer l'opinion de presque tous les chimistes actuels, relativement à la simplicité de ce gaz. Mais ce que je ne dois pas négliger de faire particulièrement remarquer, c'est l'influence exercée à ce sujet sur l'esprit de M. Berzélius, comme il en fait lui-même le précieux aveu, par cette observation physiologique, que les animaux qui se nourrissent de matières non azotées renferment dans la composition de leurs tissus tout autant d'azote que les animaux carnivores. Il est clair, en effet, d'après cela, que pour décider réellement si l'azote est ou non un corps simple, il faudra nécessairement faire intervenir la physiologie, et combiner avec les considérations chimiques proprement dites une série de recherches neuves sur la relation entre la composition des corps vivants et leur mode d'alimentation.

Il serait maintenant superflu de multiplier davantage les exemples de ces problèmes de nature multiple, qui ne sauraient être résolus que par l'intime combinaison de plusieurs sciences cultivées aujourd'hui d'une manière tout à fait indépendante. Ceux que je viens de citer suffisent pour faire sentir, en général, l'importance de la fonction que doit remplir dans le perfectionnement de chaque science naturelle en particulier la philosophie positive, immédiatement destinée à organiser d'une manière permanente de telles combinaisons, qui ne pourraient se former convenablement sans elle.

Enfin, une quatrième et dernière propriété fondamentale que je dois faire remarquer dès ce moment dans ce que j'ai appelé la philosophie positive, et qui doit sans doute lui mériter plus que toute autre l'attention générale, puisqu'elle est aujourd'hui la plus importante pour la pratique, c'est qu'elle peut être considérée comme la seule base solide de la réorganisation sociale qui doit terminer l'état de crise[1] dans lequel se trouvent depuis si longtemps les nations les plus civilisées. La dernière partie de ce cours sera spécialement consacrée à établir cette proposition, en la développant dans toute son étendue. Mais l'esquisse générale du grand tableau que j'ai entrepris d'indiquer dans ce discours manquerait d'un de ses éléments les plus caractéristiques, si je négligeais de signaler ici une considération aussi essentielle.

---

1. Pour l'étude de cet état de crise, voir le commentaire du *Discours sur l'esprit positif*, p. 320, n. 1; 324, n. 1; 329, n. 1.

Quelques réflexions bien simples suffiront pour justifier ce qu'une telle qualification paraît d'abord présenter
de trop ambitieux.

Ce n'est pas aux lecteurs de cet ouvrage que je
croirai jamais devoir prouver que les idées gouvernent
et bouleversent le monde, ou, en d'autres termes, que
tout le mécanisme social repose finalement sur des opinions. Ils savent surtout que la grande crise politique
et morale des sociétés actuelles tient, en dernière analyse, à l'anarchie intellectuelle[1]. Notre mal le plus grave
consiste, en effet, dans cette profonde divergence qui
existe maintenant entre tous les esprits relativement à
toutes les maximes fondamentales dont la fixité est la
première condition d'un véritable ordre social. Tant
que les intelligences individuelles n'auront pas adhéré
par un assentiment unanime à un certain nombre
d'idées générales capables de former une doctrine sociale commune, on ne peut se dissimuler que l'état des
nations restera, de toute nécessité, essentiellement
révolutionnaire, malgré tous les palliatifs politiques qui
pourront être adoptés, et ne comportera réellement
que des institutions provisoires. Il est également certain que si cette réunion des esprits dans une même
communion de principes peut une fois être obtenue, les
institutions convenables en découleront nécessairement,

1. L'absence d'accord sur les croyances fondamentales est
la cause de tous les désordres sociaux. L'accord se produi-
rait s'il y avait une *autorité spirituelle* véritablement compé-
tente, c'est-à-dire capable de lier ensemble toutes les idées
humaines.

sans donner lieu à aucune secousse grave, le plus grand désordre étant déjà dissipé par ce seul fait. C'est donc là que doit se porter principalement l'attention de tous ceux qui sentent l'importance d'un état de choses vraiment normal.

Maintenant, du point de vue élevé où nous ont placés graduellement les diverses considérations indiquées dans ce discours, il est aisé à la fois et de caractériser nettement dans son intime profondeur l'état présent des sociétés, et d'en déduire par quelle voie on peut le changer essentiellement. En me rattachant à la loi fondamentale énoncée au commencement de ce discours, je crois pouvoir résumer exactement toutes les observations relatives à la situation actuelle de la société, en disant simplement que le désordre actuel des intelligences tient, en dernière analyse, à l'emploi simultané des trois philosophies radicalement incompatibles : la philosophie théologique, la philosophie métaphysique et la philosophie positive. Il est clair, en effet, que si l'une quelconque de ces trois philosophies obtenait en réalité une prépondérance universelle et complète, il y aurait un ordre social déterminé, tandis que le mal consiste surtout dans l'absence de toute véritable organisation. C'est la co-existence de ces trois philosophies opposées qui empêche absolument de s'entendre sur aucun point essentiel. Or, si cette manière de voir est exacte, il ne s'agit plus que de savoir laquelle des trois philosophies peut et doit prévaloir par la nature des choses ; tout homme sensé devra ensuite, quelles qu'aient pu être, avant l'analyse de la question, ses opinions particulières, s'efforcer de con-

courir à son triomphe. La recherche étant une fois réduite à ces termes simples, elle ne paraît pas devoir
rester longtemps incertaine; car il est évident, par
toutes sortes de raisons dont j'ai indiqué dans ce discours quelques-unes des principales, que la philosophie
positive est seule destinée à prévaloir selon le cours
ordinaire des choses. Seule elle a été, depuis une
longue suite de siècles, constamment en progrès, tandis que ses antagonistes ont été constamment en décadence. Que ce soit à tort ou à raison, peu importe;
le fait général est incontestable, et il suffit. On peut le
déplorer, mais non le détruire, ni par conséquent le
négliger, sous peine de ne se livrer qu'à des spéculations illusoires. Cette révolution générale de l'esprit
humain est aujourd'hui presque entièrement accomplie; il ne reste plus, comme je l'ai expliqué, qu'à
compléter la philosophie positive en y comprenant
l'étude des phénomènes sociaux, et ensuite à la résumer en un seul corps de doctrine homogène. Quand ce
double travail sera suffisamment avancé, le triomphe
définitif de la philosophie positive aura lieu spontanément et rétablira l'ordre dans la société. La préférence
si prononcée que presque tous les esprits, depuis les
plus élevés jusqu'aux plus vulgaires, accordent aujourd'hui aux connaissances positives sur les conceptions vagues et mystiques, présage assez l'accueil que
recevra cette philosophie, lorsqu'elle aura acquis[1] la
seule qualité qui lui manque encore, un caractère de
généralité convenable.

1. Par son application aux phénomènes sociaux.

IX. — En résumé, la philosophie théologique et la philosophie métaphysique se disputent aujourd'hui la tâche, trop supérieure aux forces de l'une et de l'autre, de réorganiser la société : c'est entre elles seules que subsiste encore la lutte, sous ce rapport. La philosophie positive n'est intervenue jusqu'ici dans la contestation que pour les critiquer toutes deux, et elle s'en est assez bien acquittée pour les discréditer entièrement. Mettons-la enfin en état de prendre un rôle actif, sans nous inquiéter plus longtemps de débats devenus inutiles. Complétant la vaste opération intellectuelle commencée par Bacon, par Descartes et par Galilée [1], construisons directement le système d'idées générales que cette philosophie est désormais destinée à faire indéfiniment prévaloir dans l'espèce humaine, et la crise révolutionnaire qui tourmente les peuples civilisés sera essentiellement terminée [2].

Tels sont les quatre points de vue principaux sous lesquels j'ai cru devoir indiquer dès ce moment l'influence salutaire de la philosophie positive, pour servir de complément essentiel à la définition générale que j'ai essayé d'en exposer.

X. — Avant de terminer, je désire appeler un instant l'attention sur une dernière réflexion qui me semble convenable pour éviter, autant que possible,

1. Cf. p. 35, n. 1.
2. La crise sera terminée en *principe*, en théorie. Le reste n'est plus qu'une affaire de temps. La réorganisation ne sera achevée en *fait* que lorsque la systématisation des croyances aura eu lieu dans tous les esprits.

qu'on se forme d'avance une opinion erronée de la nature de ce cours.

En assignant pour but à la philosophie positive de résumer en un seul corps de doctrine homogène l'ensemble des connaissances acquises, relativement aux différents ordres de phénomènes naturels, il était loin de ma pensée de vouloir procéder à l'étude générale de ces phénomènes en les considérant tous comme des effets divers d'un principe unique, comme assujettis à une seule et même loi. Quoique je doive traiter spécialement cette question dans la prochaine leçon [1], je crois devoir, dès à présent, en faire la déclaration, afin de prévenir les reproches très mal fondés que pourraient m'adresser ceux qui, sur un faux aperçu, classeraient ce cours parmi ces tentatives d'explication universelle qu'on voit éclore journellement de la part d'esprits entièrement étrangers aux méthodes et aux connaissances scientifiques. Il ne s'agit ici de rien de semblable; et le développement de ce cours en fournira la preuve manifeste à tous ceux chez lesquels les éclaircissement contenus dans ce discours auraient pu laisser quelques doutes à cet égard.

Dans ma profonde conviction personnelle, je considère ces entreprises d'explication universelle de tous les phénomènes par une loi unique comme éminemment chimériques, même quand elles sont tentées par les intelligences les plus compétentes. Je crois que les moyens de l'esprit humain sont trop faibles, et l'univers trop compliqué pour qu'une telle perfection scienti-

1. Cf. p. 175, n. 1.

fique soit jamais à notre portée, et je pense, d'ailleurs, qu'on se forme généralement une idée très exagérée des avantages qui en résulteraient nécessairement, si elle était possible. Dans tous les cas, il me semble évident que, vu l'état présent de nos connaissances, nous en sommes encore beaucoup trop loin pour que de telles tentatives puissent être raisonnables avant un laps de temps considérable. Car, si on pouvait espérer d'y parvenir, ce ne pourrait être, suivant moi, qu'en rattachant tous les phénomènes naturels à la loi positive la plus générale que nous connaissions, la loi de la gravitation, qui lie déjà tous les phénomènes astronomiques à une partie de ceux de la physique terrestre. Laplace a exposé effectivement une conception par laquelle on pourrait ne voir dans les phénomènes chimiques que de simples effets moléculaires de l'attraction newtonienne, modifiée par la figure et la position mutuelle des atomes. Mais, outre l'indétermination dans laquelle resterait probablement toujours cette conception, par l'absence des données essentielles relatives à la constitution intime des corps, il est presque certain que la difficulté de l'appliquer serait telle, qu'on serait obligé de maintenir, comme artificielle, la division aujourd'hui établie comme naturelle entre l'astronomie et la chimie. Aussi Laplace n'a-t-il présenté cette idée que comme un simple jeu philosophique, incapable d'exercer réellement aucune influence utile sur les progrès de la science chimique. Il y a plus, d'ailleurs; car, même en supposant vaincue cette insurmontable difficulté, on n'aurait pas encore atteint à l'unité scientifique, puisqu'il faudrait ensuite tenter de rattacher à

la même loi l'ensemble des phénomènes physiologiques;
ce qui, certes, ne serait pas la partie la moins difficile
de l'entreprise. Et, néanmoins, l'hypothèse que nous
venons de parcourir serait, tout bien considéré, la plus
favorable à cette unité si désirée.

Je n'ai pas besoin de plus grands détails pour achever de convaincre que le but de ce cours n'est nullement de présenter tous les phénomènes naturels comme
étant au fond identiques, sauf la variété des circonstances. La philosophie positive serait sans doute plus
parfaite s'il pouvait en être ainsi. Mais cette condition
n'est nullement nécessaire à sa formation systématique,
non plus qu'à la réalisation des grandes et heureuses
conséquences que nous l'avons vue destinée à produire ; il n'y a d'unité indispensable pour cela que
l'unité de méthode, laquelle peut et doit évidemment
exister et se trouve déjà établie en majeure partie.
Quant à la doctrine, il n'est pas nécessaire qu'elle soit
une, il suffit qu'elle soit homogène. C'est donc sous le
double point de vue de l'unité des méthodes et de l'homogénéité des doctrines que nous considérons, dans ce
cours, les différentes classes de théories positives. Tout
en tendant à diminuer, le plus possible, le nombre des
lois générales nécessaires à l'explication positive des
phénomènes naturels, ce qui est, en effet, le but philosophique de la science, nous regarderons comme témé-
raire d'aspirer jamais, même pour l'avenir le plus
éloigné, à les réduire rigoureusement à une seule.

J'ai tenté, dans ce discours, de déterminer, aussi
exactement qu'il a été en mon pouvoir, le but, l'esprit
et l'influence de la philosophie positive. J'ai donc mar-

qué le terme vers lequel ont toujours tendu et tendront sans cesse tous mes travaux, soit dans ce cours, soit de toute autre manière. Personne n'est plus profondément convaincu que moi de l'insuffisance de mes forces intellectuelles, fussent-elles même très supérieures à leur valeur réelle, pour répondre à une tâche aussi vaste et aussi élevée. Mais ce qui ne peut être fait ni par un seul esprit, ni en une seule vie, un seul peut le proposer nettement. Telle est toute mon ambition.

Ayant exposé le véritable but de ce cours, c'est-à-dire fixé le point de vue sous lequel je considérerai les diverses branches principales de la philosophie naturelle, je compléterai, dans la leçon prochaine, ces prolégomènes généraux, en passant à l'exposition du plan, c'est-à-dire à la détermination de l'ordre encyclopédique qu'il convient d'établir entre les diverses classes des phénomènes naturels, et par conséquent entre les sciences positives correspondantes.

DEUXIÈME LEÇON

Exposition du plan de ce cours, ou considérations générales sur la hiérarchie des sciences positives.

SOMMAIRE : I. Les classifications des sciences proposées avant Comte ont échoué ; causes de ces échecs : 1° incompétence des philosophes ; 2° caractère prématuré de leurs tentatives. — II. Les circonstances sont favorables pour le positivisme puisque les biologistes ont donné le modèle des classifications. — III. Distinction des connaissances en *théoriques* et *pratiques*. Rapports entre la spéculation et l'action. — IV. Distinction entre les sciences *abstraites* et les sciences *concrètes*. — V. Toute classification des sciences est nécessairement artificielle : obligation où se trouve le philosophe de combiner l'exposé *historique* avec l'exposé *dogmatique*. — VI. Principe de la hiérarchie des connaissances dans le positivisme : *simplicité* et *généralité décroissante*, *dépendance croissante* des phénomènes étudiés. — VII. Sciences des corps bruts ou *physique inorganique*. Sciences des corps organisés ou *physique organique*. — VIII. Division et sous-division de la physique inorganique. — IX. Division de la physique organique. — X. Résumé de la classification des sciences et plan du cours. — XI. Remarques générales sur les propriétés de cette classification : 1° sa conformité avec la répartition spontanée du travail scientifique ; 2° sa conformité avec l'histoire des sciences ; 3° la hiérarchie positiviste indique exactement le degré de perfection relative de chaque ordre de connaissances. Distinction entre la *précision* et la *certitude* ; 4° détermination du plan d'une éducation rationnelle. — XII. La science mathématique.

Après avoir caractérisé aussi exactement que possible, dans la leçon précédente, les considérations à

présenter dans ce cours sur toutes les branches principales de la philosophie naturelle, il faut déterminer
maintenant le plan que nous devons suivre, c'est-à-dire
la classification rationnelle la plus convenable à établir
entre les différentes sciences positives fondamentales,
pour les étudier successivement sous le point de vue
que nous avons fixé. Cette seconde discussion générale
est indispensable pour achever de faire connaître dès
l'origine le véritable esprit de ce cours.

I. — On conçoit aisément d'abord qu'il ne s'agit pas
ici de faire la critique, malheureusement trop facile,
des nombreuses classifications qui ont été proposées
successivement depuis deux siècles, pour le système
général des connaissances humaines, envisagé dans
toute son étendue. On est aujourd'hui bien convaincu
que toutes les échelles encyclopédiques construites,
comme celles de Bacon et de d'Alembert, d'après une
distinction quelconque des diverses facultés de l'esprit
humain, sont par cela seul radicalement vicieuses,
même quand cette distinction n'est pas, comme il arrive
souvent, plus subtile que réelle ; car, dans chacune de
ses sphères d'activité, notre entendement emploie
simultanément toutes ses facultés principales. Quant à
toutes les autres classifications proposées, il suffira
d'observer que les différentes discussions élevées à ce
sujet ont eu pour résultat définitif de montrer dans
chacune des vices fondamentaux, tellement qu'aucune
n'a pu obtenir un assentiment unanime, et qu'il existe
à cet égard presque autant d'opinions que d'individus.
Ces diverses tentatives ont même été, en général, si
mal conçues, qu'il en est résulté involontairement dans

la plupart des bons esprits une prévention défavorable
contre toute entreprise de ce genre.

Sans nous arrêter davantage sur un fait si bien constaté, il est plus essentiel d'en rechercher la cause. Or.
on peut aisément s'expliquer la profonde imperfection
de ces tentatives encyclopédiques, si souvent renouve-
lées jusqu'ici. Je n'ai pas besoin de faire observer que,
depuis le discrédit général dans lequel sont tombés les
travaux de cette nature par suite du peu de solidité des
premiers projets, ces classifications ne sont conçues le
plus souvent que par des esprits presque entièrement
étrangers à la connaissance des objets à classer. Sans
avoir égard à cette considération personnelle, il en est
une beaucoup plus importante, puisée dans la nature
même du sujet, et qui montre clairement pourquoi il
n'a pas été possible jusqu'ici de s'élever à une conception encyclopédique véritablement satisfaisante. Elle
consiste dans le défaut d'homogénéité qui a toujours
existé jusqu'à ces derniers temps entre les différentes
parties du système intellectuel, les unes étant successivement devenues positives, tandis que les autres
restaient théologiques ou métaphysiques [1]. Dans un

1. C'est une règle du positivisme qu'on ne peut utiliser
rationnellement une méthode qu'en en empruntant le modèle
à la science qui l'a portée à son plus haut degré de perfection. Par conséquent, *les progrès de toutes les sciences*, sous le
rapport de la doctrine aussi bien que sous celui de la
méthode, sont *solidaires*. L'homogénéité entre les sciences
était irréalisable autrement que par la fondation de la sociologie. La physique sociale, par l'idée d'Humanité, unifie et
fait converger toutes les méthodes. Elle est la plus rationnelle d'entre les sciences grâce à sa position encyclopédique,

état de choses aussi incohérent, il était évidemment impossible d'établir aucune classification rationnelle. Comment parvenir à disposer, dans un sytème unique, des conceptions aussi profondément contradictoires ? C'est une difficulté contre laquelle sont venus échouer nécessairement tous les classificateurs, sans qu'aucun l'ait aperçue distinctement. Il était bien sensible néanmoins, pour quiconque eût bien connu la véritable situation de l'esprit humain, qu'une telle entreprise était prématurée, et qu'elle ne pourrait être tentée avec succès que lorsque toutes nos conceptions principales seraient devenues positives.

Cette condition fondamentale pouvant maintenant être regardée comme remplie, d'après les explications données dans la leçon précédente [1], il est dès lors possible de procéder à une disposition vraiment rationnelle et durable d'un système dont toutes les parties sont enfin devenues homogènes.

à l'unité de son sujet, à la plénitude de ses procédés logiques. Elle rattache l'histoire des différentes spéculations à une théorie fondamentale, à la loi des trois états. Ainsi la notion de *positivité* et de *rationalité* ne pouvait être donnée aux savants d'une manière vraiment complète que par la sociologie. C'est dans l'étude des faits sociaux qu'il faut que les spécialistes des autres disciplines apprennent à se placer au point de vue dòminant : celui de l'humanité. Il ne pouvait y avoir classification des sciences, c'est-à-dire coordination des connaissances par rapport à un but unique et systématisation des méthodes par comparaison de chacune d'entre elles à un modèle idéal, qu'une fois les faits les plus complexes ramenés à des lois. La classification positiviste est la seule rationnelle.

1. Cf. 1re leçon, § VI.

II. — D'un autre côté, la théorie générale des classifications, établie dans ces derniers temps par les travaux philosophiques des botanistes et des zoologistes, permet d'espérer un succès réel dans un semblable travail, en nous offrant un guide certain par le véritable principe fondamental de l'art de classer qui n'avait jamais été conçu distinctement jusqu'alors. Ce principe est une conséquence nécessaire de la seule application directe de la méthode positive à la question même des classifications, qui, comme toute autre, doit être traitée par observation, au lieu d'être résolue par des considérations *a priori*. Il consiste en ce que la classification doit ressortir de l'étude même des objets à classer, et être déterminée par les affinités réelles de l'enchaînement naturel qu'ils présentent, de telle sorte que cette classification soit elle-même l'expression du fait le plus général, manifesté par la comparaison approfondie des objets qu'elle embrasse[1].

---

1. Les biologistes ont été conduits à établir des classifications positives par les exigences de *l'art comparatif* qui reçoit son plein développement dans les sciences de la vie.

La biologie se propose, *étant donné l'organe ou la modification organique, de déterminer la fonction ou l'action et réciproquement.* L'idéal serait ici que toutes les structures diverses dans chaque groupe pussent se déduire d'un type de structure élémentaire, et que les différents phénomènes physiologiques dépendissent d'un seul fait. Il suffirait, dès lors, d'assigner la relation entre chaque phénomène physiologique élémentaire et le type de structure correspondant, pour satisfaire à la définition de la science. C'est ce qui n'est possible que si l'on classe rigoureusement les types de structure. De tout temps, « l'organisme animal, précisément en

Appliquant cette règle fondamentale au cas actuel, c'est donc d'après la dépendance mutuelle qui a lieu effectivement entre les diverses sciences positives que nous devons procéder à leur classification ; et cette dépendance, pour être réelle, ne peut résulter que de celle des phénomènes correspondants.

III. — Mais avant d'exécuter, dans un tel esprit d'observation, cette importante opération encyclopédique, il est indispensable, pour ne pas nous égarer dans un

vertu de sa complication supérieure, et par la variété beaucoup plus prononcée qui en résulte inévitablement dans sa disposition universelle, avait dû spontanément offrir la plus ancienne et la plus parfaite application des principes naturels de coordination inhérents à la raison humaine ». (42ᵉ leçon.) Il doit y avoir entre les animaux *un ordre naturel*, que la *théorie taxonomique* se donne pour but de reproduire. Les deux points de vue fondamentaux sont la *formation des groupes naturels* et leur *succession hiérarchique*.

La formation des groupes naturels consiste « à saisir entre des espèces plus ou moins nombreuses, un tel ensemble d'analogies essentielles que, malgré leurs différences caractéristiques, les êtres appartenant à une même catégorie quelconque soient toujours, en réalité, plus semblables entre eux qu'à aucun de ceux qui n'en font point partie. » (*Ibid.* Mais il ne s'agit pas seulement de faciliter le travail du biologiste en le limitant chaque fois à l'examen d'un seul cas de chaque groupe ; ce serait déjà un précieux avantage. Mais la taxonomie est bien autre chose qu'un procédé pratique ou mnémotechnique : elle a une véritable valeur scientifique; son but consiste « en ce que la seule position assignée à chaque organisme par la classification totale tend spontanément à faire aussitôt ressortir l'ensemble de sa vraie nature anatomique et physiologique, comparativement, soit à tous ceux qui le précèdent, soit à tous ceux qui le suivent. » In-

travail trop étendu, de circonscrire avec plus de précision que nous ne l'avons fait jusqu'ici le sujet propre
de la classification proposée.

Tous les travaux humains sont, ou de spéculation,
ou d'action. Ainsi, la division la plus générale de nos
connaissances réelles consiste à les distinguer en
théoriques et pratiques. Si nous considérons d'abord
cette première division, il est évident que c'est seulement des connaissances théoriques qu'il doit être ques-

diquer la place d'un animal dans la classification serait
alors définir suffisamment sa structure et le rapport entre
sa structure et ses fonctions. C'est là ce qui rend nécessaire
de compléter la formation des groupes naturels en fixant
leur ordre de succession : sans hiérarchie, les relations
entre les diverses familles resteraient indéterminées ainsi
que le mode de décomposition de chacune d'elles en espèces.

La classification ainsi comprise doit avoir trois propriétés :
« les espèces animales, considérées sous le point de vue statique, offrent évidemment une complication organique toujours croissante soit quant à la diversité, à la multiplicité et
à la spécialité de leurs éléments anatomiques, soit quant à la
composition et à la variété de plus en plus grande de leurs
organes et de leurs appareils ; en second lieu, cet ordre fondamental correspond exactement, sous le point de vue dynamique à une vie toujours plus complexe et plus active, composée de fonctions plus nombreuses, plus variées et mieux
définies ; et enfin, ce qui est moins connu quoique également
incontestable, l'être vivant devient ainsi, par une suite nécessaire, de plus en plus modifiable, en même temps qu'il
exerce, sur le monde extérieur, une action toujours plus
profonde et plus étendue. C'est par l'indissoluble faisceau de
ces trois lois fondamentales que se trouve désormais rigoureusement fixé le vrai sens philosophique de la hiérarchie

tion dans un cours de la nature de celui-ci [1] ; car il ne s'agit point d'observer le système entier des notions humaines, mais uniquement celui des conceptions fondamentales sous les divers ordres de phénomènes, qui fournissent une base solide à toutes nos autres combi-

biologique, chacun de ces aspects devant habituellement dissiper l'incertitude que pourraient laisser les deux autres. De là résulte nécessairement en effet la possibilité de concevoir finalement l'ensemble des espèces vivantes disposées dans un ordre tel que l'une quelconque d'entre elles soit constamment inférieure à toutes celles qui la précèdent et constamment supérieure à toutes celles qui la suivent. » (*Ibid.*)

L'importance attribuée par Comte à la « biotaxie » est telle que, dans le débat entre Cuvier et Lamarck, c'est-à-dire entre la doctrine de la fixité des espèces et le transformisme, toutes les préférences du fondateur du positivisme vont à la thèse fixiste. En effet, il faut une *unité biotaxique :* l'espèce. Or cette unité ne subsisterait pas, si comme le pense Lamarck, la série des organismes était continue.

Le modèle fourni par les biologistes permet de concevoir la vraie méthode de classification. Une classification positive devra, : 1° reproduire l'enchaînement naturel des phénomènes dont il s'agira ; 2° ranger les faits dont elle s'occupe dans un ordre tel que la relation nécessaire et invariable de chacun d'entre eux avec l'ensemble des autres soit indiquée par sa place même dans la hiérarchie ; 3° déterminer la loi selon laquelle ces faits présentent une dépendance réciproque et une complexité croissante.

Il faudra que la classification des sciences réponde à ce programme.

1. Cette séparation entre la théorie et la pratique est nécessaire pour que la philosophie positive puisse s'étendre à tout le domaine de l'activité mentale. En effet, l'esprit scientifique ne peut arriver à des vues générales que sous la condition

naisons quelconques, et qui ne sont, à leur tour, fondées sur aucun système intellectuel antécédent. Or,
dans un tel travail, c'est la spéculation qu'il faut considérer, et non l'application, si ce n'est en tant que
celle-ci peut éclaircir la première. C'est là probablement ce qu'entendait Bacon, quoique fort imparfaitement, par cette *philosophie première* qu'il indique
comme devant être extraite de l'ensemble des sciences [1],

de recourir à une *abstraction analytique* dont le résultat
final serait d'*effacer les différences entre les phénomènes*. De
telles tendances à l'abstraction et à l'assimilation éloignent
de plus en plus l'esprit de la réalité et tiennent la théorie
écartée de la pratique. D'autre part, l'esprit d'application
concrète ne doit pas être dominé par les tendances théoriques, dont il prendra seulement certaines conclusions afin de
les faire entrer, à titre d'éléments, dans ses combinaisons
originales. Chacun des deux esprits doit donc garder sa
spontanéité propre — ce qui n'exclut d'ailleurs pas, nous
allons le voir, une coordination systématique.

1. Ce que Comte appelle, tantôt *spéculation*, tantôt *théorie*,
tantôt *ensemble des sciences abstraites*, correspond à ce que
Bacon appelait la *philosophie première :* c'est l'étude abstraite
et analytique des phénomènes élémentaires dont la combinaison constitue les êtres réels, étude destinée à nous permettre de saisir *les lois générales des phénomènes élémentaires.* Par exemple, la sociologie n'a pu être fondée comme
science, c'est-à-dire dégagée de la politique et de l'érudition
que par la découverte d'une loi portant sur le mouvement
social en général, et établie sans tenir compte des perturbations concrètes. La loi des trois états est une loi théorique,
œuvre de la spéculation. Bacon y aurait vu une proposition
de philosophie première.

« L'étude abstraite de l'ordre extérieur nous offre la seule
synthèse qui soit vraiment indispensable à l'élaboration di-

et qui a été si diversement et toujours si étrangement conçue par les métaphysiciens qui ont entrepris de commenter sa pensée.

Sans doute, quand on envisage l'ensemble complet des travaux de tout genre de l'espèce humaine, on doit concevoir l'étude de la nature comme destinée à fournir la véritable base rationnelle[1] de l'action de l'homme sur la nature, puisque la connaissance des lois des

recte de l'unité totale. Elle constitue en elle-même, un fondement suffisant de l'ensemble de notre sagesse, qui y trouve cette *philosophie première*, si confusément demandée par Bacon, comme base nécessaire du régime normal de l'humanité. Quand nous avons coordonné toutes les lois abstraites des divers modes généraux d'activité réelle, l'appréciation effective de chaque système particulier d'existence cesse aussitôt d'être purement empirique, quoique la plupart des lois concrètes nous restent encore inconnues... La découverte des principales lois concrètes pourrait, sans doute, contribuer beaucoup à l'amélioration de nos destinées extérieures et même intérieures ; c'est surtout dans ce champ que notre avenir scientifique comporte une ample moisson. Mais leur connaissance n'est nullement indispensable pour permettre aujourd'hui la systématisation totale qui doit remplir, envers le régime final de l'humanité, l'office fondamental qu'accomplit jadis la coordination théologique envers le régime initial. Cette inévitable condition n'exige certainement que la simple philosophie abstraite ; en sorte que la régénération resterait possible, quand même la philosophie concrète ne devrait jamais devenir satisfaisante. » (*Pol. pos.*, I, 40-41.)

1. Les sciences ne deviennent rationnelles qu'à partir du moment où la distinction se fait nettement entre la théorie et la pratique. Ainsi en pratique on n'envisage pas l'étendue ailleurs que dans les corps où elle est donnée. Mais la géo-

phénomènes, dont le résultat constant est de nous les
faire prévoir, peut seule évidemment nous conduire,
dans la vie active, à les modifier à notre avantage, les
uns par les autres. Nos moyens naturels et directs
pour agir sur les corps qui nous entourent sont extrêmement faibles, et tout à fait disproportionnés à nos
besoins. Toutes les fois que nous parvenons à exercer
une grande action, c'est seulement parce que la connaissance des lois naturelles nous permet d'introduire,
parmi les circonstances déterminées sous l'influence
desquelles s'accomplissent les divers phénomènes,
quelques éléments modificateurs, qui, quelque faibles
qu'ils soient en eux-mêmes, suffisent, dans certains
cas, pour faire tourner à notre satisfaction les résultats
définitifs de l'ensemble des causes extérieures. En
résumé, *science, d'où prévoyance ; prévoyance, d'où
action* [1] : telle est la formule très simple qui exprime,

métrie n'existe que lorsque l'espace est étudié en lui-même.
La mécanique abstraite doit substituer à la spontanéité d'un
corps l'action d'une force externe imprimant à ce corps le
mouvement dont on cherche à déterminer la loi. Il n'y a pas
de science de la mécanique, si l'on ne suppose l'inertie. Au
contraire, l'étude pratique d'un cas concret ne peut pas faire
abstraction de la spontanéité des corps.

1. L'observation est à la base de la science et *il n'y a de
proposition intelligible que celle qui est réductible à un fait.*
D'autre part la science n'est pas une simple accumulation de
faits, mais un système de lois ; un phénomène n'y acquiert
de valeur et ne peut y être pris en considération que s'il est
relié à une notion, en d'autres termes, *s'il permet une prévision.* La science a donc pour but *la prévision rationnelle.* Il
s'ensuit qu'elle suppose l'invariabilité des lois naturelles.

d'une manière exacte, la relation générale de la *science*
et de l'*art*, en prenant ces deux expressions dans leur
acception totale[1].

Mais, malgré l'importance capitale de cette relation,
qui ne doit jamais être méconnue, ce serait se former

1. La science, c'est l'*ensemble des connaissances théoriques*,
l'art, *l'ensemble des connaissances pratiques*. Précisons le rapport qu'établit Comte entre la science et l'art : « Dans tous
les genres, la formation des véritables sciences a été sinon
déterminée, du moins extrêmement hâtée par la double
réaction nécessaire exercée sur elle par les arts, soit à raison
des données positives qu'ils leur fournissent involontairement, soit surtout, en vertu de leur inévitable et heureuse
tendance à entraîner les recherches spéculatives vers le
domaine des questions réelles et accessibles. » (40ᵉ leçon.)
Cependant ces relations de la science et de l'art, avanta-
geuses pour tous deux, sont souvent organisées d'une manière irrationnelle. Le domaine de la science doit demeurer
beaucoup plus ample que celui de l'art : « à l'une il appartient de connaître, et par suite de prévoir; à l'autre de pouvoir et par suite d'agir. » Si l'art contribue à libérer la science
de la théologie et de la métaphysique, une fois cette
fonction essentielle remplie, il devra laisser les travaux
spéculatifs se poursuivre dans leur sphère propre. Par
exemple, la biologie gagnerait à n'être plus livrée à l'empirisme des médecins.   Non seulement cette adhérence
trop prolongée à l'art médical imprime aujourd'hui aux
recherches physiologiques un caractère d'application immédiate et spéciale qui tend à les rétrécir extrêmement
et même à les empêcher d'acquérir l'entière généralité
dont elles ont besoin pour prendre leur véritable rang dans
le système de la philosophie naturelle; mais elle s'oppose
directement, en outre, à ce que la science biologique
soit cultivée par les intelligences les plus capables de
diriger convenablement ses progrès spéculatifs. Ceux qui

des sciences une idée bien imparfaite que de les concevoir seulement comme les bases des arts, et c'est à
quoi malheureusement on n'est que trop enclin de nos
jours. Quels que soient les immenses services rendus
à l'*industrie* par les théories scientifiques, quoique,

rejetteraient comme absurde la pensée de confier aux navi-
gateurs la culture de l'astronomie finiront probablement par
trouver étrange l'usage d'abandonner, d'une manière analogue, les études biologiques aux loisirs des médecins ; car
l'un n'est pas, en soi, plus rationnel que l'autre. Le seul
motif spécieux qui puisse être allégué, en faveur d'une telle
confusion, consiste dans la crainte vulgaire que la théorie,
livrée désormais à son libre élan, ne perde trop de vue les
besoins de la pratique, dont une semblable séparation tien-
drait à ralentir ainsi le perfectionnement essentiel. Mais le
bon sens indique clairement que la science pourrait encore
moins concourir au progrès de l'art, si celui-ci, en s'effor-
çant de la retenir adhérente, s'opposait, éminemment, par
cela même, à son vrai développement. D'ailleurs, l'expérience
éclatante et unanime des autres sciences fondamentales
doit achever de dissiper à ce sujet toute inquiétude sérieuse
car c'est précisément depuis que, *uniquement consacrée à
découvrir le plus complètement possible les lois de la nature,
sans aucune vue d'application immédiate à nos besoins*, chacune d'elles a pu faire d'importants et rapides progrès,
qu'elles ont pu déterminer, dans les arts correspondants,
d'immenses perfectionnements, dont la recherche directe eût
étouffé leur essor spéculatif. » (*Ibid.*) Il est impossible de
prévoir quelle théorie scientifique deviendra susceptible
d'application, ni à quel moment se fera la coïncidence entre
la spéculation et la pratique. La science doit se séparer de
l'art pour acquérir l'abstraction et l'ampleur qui lui con-
viennent. Et, ce faisant, elle sera plus utile qui si elle se
préoccupait de l'être, car le souci de l'application immédiate
la rétrécirait fâcheusement.

suivant l'énergique expression de Bacon, la puissance
soit nécessairement proportionnée à la connaissance,
nous ne devons pas oublier que les sciences ont, avant
tout, une destination plus directe et plus élevée, celle
de satisfaire au besoin fondamental qu'éprouve notre
intelligence de connaître les lois des phénomènes.
Pour sentir combien ce besoin est profond et impérieux, il suffit de penser un instant aux effets physiologiques de l'étonnement, et de considérer que la sensation la plus terrible que nous puissions éprouver est
celle qui se produit toutes les fois qu'un phénomène
nous semble s'accomplir contradictoirement aux lois
naturelles qui nous sont familières. Le besoin de disposer les faits dans un ordre que nous puissions concevoir avec facilité (ce qui est l'objet propre de toutes
les théories scientifiques) est tellement inhérent à
notre organisation que, si nous ne parvenions pas à
le satisfaire par des conceptions positives, nous re-
tournerions inévitablement aux explications théologiques et métaphysiques auxquelles il a primitivement
donné naissance, comme je l'ai exposé dans la dernière
leçon.

J'ai cru devoir signaler expressément dès ce moment
une considération qui se reproduira fréquemment dans
toute la suite de ce cours, afin d'indiquer la nécessité
de se prémunir contre la trop grande influence des
habitudes actuelles, qui tendent à empêcher qu'on se
forme des idées justes et nobles de l'importance et de
la destination des sciences. Si la puissance prépondérante de notre organisation ne corrigeait, même involontairement, dans l'esprit des savants, ce qu'il y a

sous ce rapport d'incomplet et d'étroit dans la tendance générale de notre époque, l'intelligence humaine,
réduite à ne s'occuper que des recherches susceptibles
d'une utilité pratique immediate, se trouverait par cela
seul, comme l'a très justement remarqué Condorcet,
tout à fait arrêtée dans ses progrès, même à l'égard
de ces applications auxquelles on aurait imprudem-
ment sacrifié les travaux purement spéculatifs : car
les applications les plus importantes dérivent constamment de théories formées dans une simple intention
scientifique, et qui souvent ont été cultivées pendant
plusieurs siècles sans produire aucun résultat pratique [1]. On en peut citer un exemple bien remarquable

1. En voici l'explication, que Comte donne à propos de la
science géométrique, mais qui est valable pour toutes les
sciences : « Les géomètres se sont bornés d'abord à considérer les formes les plus simples que la nature leur fournissait
immédiatement ou qui se déduisaient de ces éléments primitifs pour les combinaisons les moins compliquées. Mais ils ont
senti, depuis Descartes, que, *pour constituer la science de la
manière la plus philosophique, il fallait nécessairement la
faire porter, en général, sur toutes les formes imaginables.*
Ils ont ainsi acquis la certitude raisonnée que *cette géométrie
abstraite comprendrait inévitablement comme cas particuliers
toutes les diverses formes réelles que le monde extérieur pourrait présenter,* de façon à n'être jamais pris au dépourvu. Si,
au contraire, on s'était toujours réduit à la seule considération de ces formes naturelles, sans y être préparé par une
étude générale et par *l'examen spécial de certaines formes
hypothétiques plus simples,* il est clair que les difficultés
auraient été le plus souvent insurmontables au moment de
l'application effective. » (10e leçon.)
Plus la science est devenue abstraite, mieux elle a servi

dans les belles spéculations des géomètres grecs sur
les sections coniques [1], qui, après une longue suite de

l'art correspondant, en sorte qu'on peut dire sans paradoxe
qu'une science est d'autant plus susceptible d'applications
pratiques qu'elle a atteint un plus haut degré de généralité et de rationalité : « Les divers moyens immédiats pour
l'invention des formes n'ont presque plus aucune importance,
depuis que la géométrie rationnelle a pris entre les mains de
Descartes son caractère définitif. En effet, l'invention des
formes se réduit aujourd'hui à l'invention des équations, en
sorte que rien n'est plus aisé que de concevoir de nouvelles
lignes et de nouvelles surfaces, en changeant à volonté les
fonctions introduites dans les équations. Ce simple procédé
abstrait est, sous ce rapport, infiniment plus fécond que les
ressources géométriques directes, développées par l'imagination la plus puissante qui s'appliquerait uniquement à cet
ordre de conception. » (*Ibid.*)

1. « L'astronomie nous offre l'exemple le plus étendu et le
plus irrécusable de l'indispensable nécessité des spéculations
scientifiques les plus sublimes pour l'entière satisfaction des
besoins pratiques les plus vulgaires. En se bornant au seul
problème de la détermination des longitudes en mer, on voit
que sa liaison intime avec l'ensemble des théories astronomiques a été établie, dès l'origine de la science, par son plus
éminent fondateur, le grand Hipparque. Or, quoiqu'on n'ait,
depuis cette époque, rien ajouté d'essentiel à l'idée fondamentale de cette relation, il a fallu tous les immenses perfectionnements successivement apportés jusqu'ici à la science
astronomique pour qu'une telle application devînt susceptible
d'être suffisamment réalisée. Sans les plus hautes spéculations des géomètres sur la mécanique céleste, qui ont tant
augmenté la précision des tables astronomiques, il serait
absolument impossible de déterminer la longitude d'un vaisseau avec le degré d'exactitude que nous pouvons maintenant obtenir ; et, bien loin que la science soit à cet égard

générations, ont servi, en déterminant la rénovation
de l'astronomie, à conduire finalement l'art de la navi-
gation au degré de perfectionnement qu'il a atteint
dans ces derniers temps, et auquel il ne serait jamais
parvenu sans les travaux si purement théoriques d'Archimède et d'Apollonius ; tellement que Condorcet a

plus parfaite que ne l'exige la pratique, il est, au contraire,
certain que, si nous ne pouvons pas encore connaître toujours
sûrement notre position avec une errreur de moins de trois ou
quatre lieues dans les mers équatoriales, cela tient essentiellement à ce que la précision de nos tables n'est point encore
assez grande. De telles réflexions sont propres à frapper ces
esprits étroits qui, s'ils pouvaient jamais dominer, arrête-
raient aveuglément le développement des sciences, en vou-
lant les restreindre à ne s'occuper que des recherches immédiatement susceptibles d'utilité pratique. » (19ᵉ leçon.)

« On sait que l'ellipse a été reconnue par Képler comme étant
la courbe que décrivent les planètes autour du soleil et les
satellites autour de leurs planètes. Or, cette découverte fondamentale qui a renouvelé l'astronomie eût-elle jamais été
possible, si l'on s'était toujours borné à concevoir l'ellipse
comme la section oblique d'un cône circulaire par un plan ?
Aucune telle définition ne pouvait évidemment comporter
une semblable vérification. La propriété la plus usuelle de
l'ellipse, que la somme des distances de tous ses points à
deux points fixes soit constante, est bien plus susceptible
sans doute, par sa nature, de faire reconnaître la courbe
dans ce cas ; mais elle n'est point encore directement convenable. Le seul caractère qui puisse être alors vérifié
immédiatement est celui qu'on tire de la relation qui existe
dans l'ellipse entre la longueur des distances focales et leur
direction, l'unique relation qui admette une interprétation
astronomique, comme exprimant la loi qui lie la distance de
la planète au soleil, au temps écoulé depuis l'origine de sa

pu dire avec raison à cet égard : « Le matelot, qu'une exacte observation de la longitude préserve du naufrage, doit la vie à une théorie conçue, deux mille ans auparavant, par des hommes de génie qui avaient en vue de simples spéculations géométriques. »

Il est donc évident qu'après avoir conçu, d'une ma-

révolution. Il a donc fallu que les travaux purement spéculatifs des géomètres grecs sur les propriétés des sections coniques eussent préalablement présenté leur génération sous une multitude de points de vue différents, pour que Képler ait pu passer ainsi de l'abstrait au concret en choisissant, parmi tous ces divers caractères, celui qui pouvait plus facilement être constaté pour les orbites planétaires. » (10ᵉ leçon.)

Un excellent exemple des relations de la science avec l'art et de l'utilité finale des plus hautes recherches spéculatives c'est l'étude du pendule par Huyghens : « Après avoir découvert que l'égalité parfaite de la durée des oscillations quelconques n'appartenait qu'à la cycloïde, Huyghens, pour faire décrire cette course à son pendule, imagina un appareil aussi simple que possible fondé sur la belle conception des développées, qui, transportée ensuite dans la géométrie abstraite, en est devenue un des éléments fondamentaux. Les difficultés d'une exécution précise, et surtout l'impossibilité pratique de maintenir un tel appareil suffisamment inaltérable, ont dû faire entièrement renoncer au pendule cycloïdal. Quand Huyghens l'eût reconnu, il déduisit de sa théorie un moyen heureux de revenir enfin au pendule circulaire, le seul vraiment admissible, en démontrant que, le rayon de courbure de la cycloïde à son sommet étant égal à la longueur totale de son pendule, il pouvait transporter, d'une manière suffisamment approchée, au cercle osculateur tout ce qu'il avait trouvé sur l'isochronisme et sur la mesure des oscillations cycloïdales, pourvu que les oscillations circulaires

nière générale, l'étude de la nature comme servant de
base rationnelle à l'action sur la nature, l'esprit humain
doit procéder aux recherches théoriques, en faisant
complètement abstraction de toute considération pratique; car nos moyens pour découvrir la vérité sont
tellement faibles que, si nous ne les concentrions pas
exclusivement vers ce but, et si, en cherchant la vérité,
nous nous imposions en même temps la condition
étrangère d'y trouver une utilité pratique immédiate,
il nous serait presque toujours impossible d'y parvenir.

Quoi qu'il en soit, il est certain que l'ensemble de
nos connaissances sur la nature, et celui des procédés
que nous en déduisons pour la modifier à notre avantage, forment deux systèmes essentiellement distincts
par eux-mêmes, qu'il est convenable de concevoir et
de cultiver séparément. En outre, le premier système
étant la base du second, c'est évidemment celui qu'il
convient de considérer d'abord dans une étude méthodique, même quand on se proposerait d'embrasser la

fussent toujours très petites, ce qu'il assura par l'in-
génieux mécanisme de l'échappement, en appliquant le
pendule à la régularisation des horloges. Mais cette belle
solution ne pouvait encore devenir entièrement pratique
sans avoir préalablement traité une dernière question fondamentale, qui tient à la partie la plus élevée de la dynamique rationnelle, la réduction du pendule composé au
pendule simple, pour laquelle Huyghens inventa le célèbre
principe des forces vives, et qui, outre qu'elle était indispensable, indiquait à l'art de nouveaux moyens de modifier les
oscillations sans changer les dimensions de l'appareil... Depuis
ce grand résultat, le perfectionnement des horloges astronomiques a été uniquement du domaine de l'art. » (*Ibid.*)

totalité des connaissances humaines, tant d'application que de spéculation. Ce système théorique me paraît devoir constituer exclusivement aujourd'hui le sujet d'un cours vraiment rationnel de philosophie positive : c'est ainsi du moins que je le conçois. Sans doute, il serait possible d'imaginer un cours plus étendu, portant à la fois sur les généralités théoriques et sur les généralités pratiques. Mais je ne pense pas qu'une telle entreprise, même indépendamment de son étendue, puisse être convenablement tentée dans l'état présent de l'esprit humain. Elle me semble, en effet, exiger préalablement un travail très important et d'une nature toute particulière, qui n'a pas encore été fait, celui de former, d'après les théories scientifiques proprement dites, les conceptions spéciales destinées à servir de bases directes aux procédés généraux de la pratique [1].

1. Ce travail devra être exécuté par la philosophie positive. On ne pourra l'entreprendre que quand toutes les sciences spéculatives auront atteint « la constitution abstraite propre à chacune d'elles ». Il s'agirait en effet d'*organiser rationnellement les rapports entre la théorie et la pratique.* De telles relations ne peuvent être établies que pour des catégories de connaissances dont les limites soient bien nettes. Or, à l'heure actuelle, le point de vue de la théorie et le point de vue de la pratique sont encore trop souvent confondus, et surtout, il y a toute une classe de phénomènes, les phénomènes sociaux, au sujet desquels n'existe encore qu'un art empirique, non point une science abstraite. Après que l'éducation des savants sera devenue rationnelle et que le caractère scientifique de la sociologie aura été démontré, il se fera temps de procéder à une réforme encore prématurée.

Au degré de développement déjà atteint par notre intelligence, ce n'est pas immédiatement que les sciences
s'appliquent aux arts, du moins dans les cas les plus
parfaits ; il existe entre ces deux ordres d'idées un
ordre moyen, qui, encore mal déterminé dans son
caractère philosophique, est déjà plus sensible quand
on considère la classe sociale qui s'en occupe spécialement. Entre les savants proprement dits et les direc-
teurs effectifs des travaux productifs il commence à se
former de nos jours une classe intermédiaire, celle
des *ingénieurs*, dont la destination spéciale est d'organiser les relations de la théorie et de la pratique. Sans
avoir aucunement en vue le progrès des connaissances
scientifiques, elle les considère dans leur état présent
pour en déduire les applications industrielles dont elles
sont susceptibles. Telle est, du moins, la tendance naturelle des choses, quoiqu'il y ait encore à cet égard
beaucoup de confusion. Le corps de doctrine propre à
cette classe nouvelle, et qui doit constituer les véritables théories directes des différents arts, pourrait,
sans doute, donner lieu à des considérations philosophiques d'un grand intérêt et d'une importance réelle.
Mais un travail qui les embrasserait conjointement
avec celles fondées sur les sciences proprement dites
serait aujourd'hui tout à fait prématuré ; car ces doctrines intermédiaires entre la théorie pure et la pratique directe ne sont point encore formées : il n'en
existe jusqu'ici que quelques éléments imparfaits relatifs aux sciences et aux arts les plus avancés, et qui
permettent seulement de concevoir la nature et la possibilité de semblables travaux pour l'ensemble des

opérations humaines. C'est ainsi, pour en citer ici l'exemple le plus important, qu'on doit envisager la belle conception de Monge, relativement à la géométrie descriptive, qui n'est réellement autre chose qu'une théorie générale des arts de construction[1]. J'aurai

1. « Toutes les questions quelconques de géométrie à trois dimensions donnent lieu nécessairement, quand on considère leur solution graphique, à une difficulté générale qui leur est propre, celle de substituer aux diverses constructions en relief, nécessaires pour les résoudre, et qui sont presque toujours d'une exécution impossible, de simples constructions planes équivalentes, susceptibles de déterminer finalement les mêmes résultats. Sans cette indispensable conversion, chaque solution de ce genre serait évidemment incomplète et réellement inapplicable dans la pratique, quoique, pour la théorie, les constructions dans l'espace soient ordinairement préférables, comme plus directes. C'est afin de fournir les moyens généraux d'effectuer constamment une telle transformation, que la géométrie descriptive a été créée, et constituée en un corps de doctrines distinct et homogène, par une vue de génie de notre illustre Monge. Il a préalablement conçu un mode uniforme de représenter les corps par des figures tracées sur un seul plan, à l'aide des projections sur deux plans différents, ordinairement perpendiculaires entre eux, et dont l'un est supposé tourner autour de leur intersection commune pour venir se confondre avec le prolongement de l'autre ; il a suffi, dans ce système, ou dans tout autre équivalent, de regarder les points et les lignes comme déterminés par leurs projections, et les surfaces par les projections de leurs génératrices. Cela posé, Monge, analysant avec une profonde sagacité les divers travaux partiels de ce genre exécutés avant lui d'après une foule de procédés incohérents, et considérant même, d'une manière générale et directe, en quoi devaient consister cons-

soin d'indiquer successivement le petit nombre d'idées
analogues déjà formées et de faire apprécier leur
importance, à mesure que le développement naturel de
ce cours nous les présentera. Mais il est clair que des
conceptions jusqu'à présent aussi incomplètes ne
doivent point entrer, comme partie essentielle, dans
un cours de philosophie positive qui ne doit com-

tamment les questions quelconques de cette nature, a reconnu
qu'elles étaient toujours réductibles à un très petit nombre
de problèmes abstraits, invariables, susceptibles d'être résolus séparément une fois pour toutes par des opérations uniformes, et qui se rapportent essentiellement, les uns au contact, et les autres aux intersections des surfaces.

Ayant formé des méthodes simples et entièrement générales pour la solution graphique de ces deux ordres de problèmes, toutes les questions géométriques auxquelles peuvent
donner lieu les divers arts quelconques de construction, la
coupe des pierres, la charpente, la perspective, la gnomo-
nique, la fortification, etc., ont pu être traitées désormais
comme de simples cas particuliers d'une théorie unique, dont
l'application invariable conduira toujours nécessairement à
une solution exacte, susceptible d'être facilitée dans la pratique en profitant des circonstances propres à chaque cas.

Cette importante création mérite singulièrement de fixer
l'attention de tous les philosophes qui considèrent l'ensemble
des opérations de l'espèce humaine, comme étant un premier
pas, et jusqu'ici le seul réellement complet, vers cette rénovation générale des travaux humains, qui doit imprimer à
tous nos arts un caractère de précision et de rationalité, si
nécessaire à leur progrès futur; une telle révolution devait, en
effet, commencer inévitablement par cette classe de travaux
industriels qui se rapporte essentiellement à la science la
plus simple, la plus parfaite et la plus ancienne. » (11ᵉ leçon.)

prendre, autant que possible, que des doctrines ayant un caractère fixe et nettement déterminé.

On concevra d'autant mieux la difficulté de construire ces doctrines intermédiaires que je viens d'indiquer, si l'on considère que chaque art dépend non seulement d'une certaine science correspondante, mais à la fois de plusieurs, tellement que les arts les plus importants empruntent des secours directs à presque toutes les diverses sciences principales. C'est ainsi que la véritable théorie de l'agriculture, pour me borner au cas le plus essentiel, exige une intime combinaison de connaissances physiologiques, chimiques, physiques et même astronomiques et mathématiques : il en est de même des beaux-arts. On aperçoit aisément, d'après cette considération, pourquoi ces théories n'ont pu encore être formées, puisqu'elles supposent le développement préalable de toutes les différentes sciences fondamentales. Il en résulte également un nouveau motif de ne pas comprendre un tel ordre d'idées dans un cours de philosophie positive, puisque, loin de pouvoir contribuer à la formation systématique de cette philosophie, les théories générales propres aux différents arts principaux doivent, au contraire, comme nous le voyons, être vraisemblablement plus tard une des conséquences les plus utiles de sa construction.

En résumé, nous ne devons donc considérer dans ce cours que les théories scientifiques et nullement leurs applications. Mais avant de procéder à la classification méthodique de ses différentes parties, il me reste à exposer, relativement aux sciences proprement dites, une distinction importante, qui achèvera de circons-

crire nettement le sujet propre de l'étude que nous
entreprenons.

IV. — Il faut distinguer, par rapport à tous les
ordres de phénomènes, deux genres de sciences naturelles : les unes abstraites, générales, ont pour objet
la découverte des lois qui régissent les diverses classes
de phénomènes, en considérant tous les cas qu'on peut
concevoir; les autres concrètes, particulières, descriptives, et qu'on désigne quelquefois sous le nom de
sciences naturelles proprement dites, consistent dans
l'application de ces lois à l'histoire effective des différents êtres existants [1]. Les premières sont donc fonda-

1. Cette division se retrouve dans toutes les sciences.
Ainsi, la *mathématique concrète* est celle qui a pour but
d'arriver à la connaissance des relations qui unissent certaines grandeurs considérées. La *mathématique abstraite* se
propose, étant donnée une relation entre nombres dont certains sont connus et les autres inconnus, de déterminer les
nombres inconnus. Par exemple, c'est une question concrète
que de trouver quelle relation unit le temps à la hauteur de
chute d'un corps; — c'est une question abstraite, connaissant
l'une de ces quantités, de calculer l'autre.
Les recherches concrètes dépendent du *genre* de phénomènes qu'on étudie, tandis que la théorie abstraite, ne portant que sur des relations numériques, est *indépendante de la
nature des phénomènes*.
Ainsi, la même loi abstraite qui exprime le rapport entre
les espaces parcourus et les temps écoulés, dans le cas de la
chute des corps, exprime aussi la relation entre l'aire d'un
corps sphérique et la longueur de son diamètre, ou encore la
décroissance de l'intensité lumineuse en raison de la distance
des objets éclairés.
La mathématique concrète présente un caractère *expéri-*

mentales, c'est sur elles seulement que porteront nos
études dans ce cours; les autres, quelle que soit leur
importance propre, ne sont réellement que secondaires, et ne doivent point, par conséquent, faire partie
d'un travail que son extrême étendue naturelle nous
oblige à réduire au moindre développement possible.

La distinction précédente ne peut présenter aucune
obscurité aux esprits qui ont quelque connaissance
spéciale des différentes sciences positives, puisqu'elle

mental, au lieu que la mathématique abstraite est purement
rationnelle.

La mathématique concrète devrait comporter autant de
divisions qu'il y a de catégories de phénomènes réellement
différents. Mais on n'a pu encore établir d'équation que pour
les phénomènes géométriques et mécaniques. La géométrie
et la mécanique, telles sont donc les deux parties de la mathématique concrète.

La mathématique abstraite, c'est essentiellement le *calcul
analytique*. Elle suppose donc connues des relations déterminées et *elle prend son point de départ précisément dans les
équations auxquelles aboutit la mathématique concrète*. A
cause de sa généralité plus grande, elle arrive à dégager entre
les divers phénomènes des rapports qui, sans elle, demeure-
raient inaperçus : par exemple, entre la détermination de la
direction d'une courbe et celle des vitesses d'un mobile à
chaque instant de son mouvement varié.

Il faut d'ailleurs remarquer que les fonctions aujourd'hui
les plus purement abstraites ont commencé par être concrètes : x^2 et x^3, abstraites depuis Viète et Descartes, expri-
maient pour les anciens le rapport de la superficie d'un carré
et du volume d'un cube à la longueur du côté. Mais il n'y a
de fonctions abstraites *que celles qui expriment entre des grandeurs un rapport tel qu'on puisse le concevoir uniquement entre
des nombres et sans avoir à spécifier la nature des phénomènes.*

est à peu près l'équivalent de celle qu'on énonce ordinairement dans presque tous les traités scientifiques
en comparant la physique dogmatique à l'histoire naturelle proprement dite. Quelques exemples suffiront
d'ailleurs pour rendre sensible cette division, dont l'importance n'est pas encore convenablement appréciée.

On pourra d'abord l'apercevoir très nettement en
comparant, d'une part, la physiologie générale, et,
d'autre part, la zoologie et la botanique proprement
dite. Ce sont évidemment, en effet, deux travaux d'un
caractère fort distinct, que d'étudier, en général, les
lois de la vie[1], ou de déterminer le mode d'existence

---

1. Indépendamment des individus vivants. La biologie abstraite est donc celle *qui fait abstraction des modalités individuelles, normales et morbides.*

« L'étude concrète de chaque organisme comprend deux
branches principales :

1° Son histoire naturelle proprement dite, c'est-à-dire le
tableau rationnel et direct de l'ensemble de son existence
réelle ; 2° sa pathologie, c'est-à-dire l'examen systématique
des diverses altérations dont il est susceptible, ce qui constitue une sorte d'appendice et de complément de son histoire. Ces deux ordres de considération sont également
étrangers, par leur nature, au vrai domaine philosophique
de la biologie proprement dite. En effet, celle-ci doit toujours
se borner à l'étude essentielle de l'état normal, en conce-
vant l'analyse pathologique comme un simple moyen d'exploration. De même, quoique les observations d'histoire naturelle puissent fournir à l'anatomie et à la physiologie de très
précieuses indications, la vraie biologie n'en doit pas moins,
tout en se servant d'un tel moyen, décomposer toujours
l'étude, soit statique, soit dynamique de chaque organisme
dans celles de ses diverses parties constituantes, sur les-

de chaque corps vivant, en particulier. Cette seconde étude, en outre, est nécessairement fondée sur la première.

Il en est de même de la chimie, par rapport à la minéralogie, la première est évidemment la base rationnelle de la seconde. Dans la chimie, on considère toutes les combinaisons possibles des molécules, et dans toutes les circonstances imaginables; dans la minéralogie, on considère seulement celles de ces combinaisons qui se trouvent réalisées dans la constitution effective du globe terrestre, et sous l'influence des seules circonstances qui lui sont propres [1]. Ce qui

quelles seules peuvent immédiatement porter les lois biologiques fondamentales; tandis qu'une telle décomposition est, au contraire, directement opposée au véritable esprit de l'histoire naturelle où l'être vivant est constamment envisagé dans l'ensemble indivisible de toutes ses différentes conditions d'existence. Si, d'une part, il est évident que l'analyse rationnelle de l'état pathologique suppose nécessairement la connaissance préalable des lois relatives à l'état normal, dont elle constitue un simple corollaire universel; d'une autre part, il n'est pas moins incontestable que l'établissement des saines théories générales de la biologie proprement dite, où tous les éléments de l'organisation et de la vie ont été ramenés à des lois uniformes et abstraites, doit spontanément conduire à l'étude concrète de leurs diverses combinaisons effectives dans chaque être particulier. Aucune autre catégorie de phénomènes ne fait ressortir d'une manière aussi prononcée la réalité et la nécessité de cette grande division philosophique entre *la science abstraite, générale, et par suite fondamentale, et la science concrète, particulière, et par suite secondaire.* » (40ᵉ leçon.)

1. De même que l'analyse mathématique étudie toutes les

montre clairement la différence du point de vue chimique et du point de vue minéralogique, quoique les deux sciences portent sur les mêmes objets, c'est que la plupart des faits envisagés dans la première n'ont qu'une existence artificielle, de telle manière qu'un corps, comme le chlore ou le potassium, pourra avoir une extrême importance en chimie par l'étendue et l'énergie de ses affinités, tandis qu'il n'en aura presque aucune en minéralogie; et réciproquement, un composé, tel que le granit ou le quartz, sur lequel porte la majeure partie des considérations minéralogiques, n'offrira, sous le rapport chimique, qu'un intérêt très médiocre.

Ce qui rend, en général, plus sensible encore la nécessité logique de cette distinction fondamentale entre les deux grandes sections de la philosophie naturelle, c'est que non seulement chaque section de la physique concrète suppose la culture préalable de la section correspondante de la physique abstraite, mais qu'elle exige même la connaissance des lois générales relatives à tous les ordres de phénomènes. Ainsi, par exemple, non seulement l'étude spéciale de la terre, considérée sous tous les points de vue qu'elle peut présenter effectivement, exige la connaissance préalable de la physique et de la chimie, mais elle ne peut être faite convenablement sans y introduire, d'une part, les con-

formes géométriques possibles, y compris celles que peut-être on ne trouvera jamais réalisées, de même la chimie abstraite porte sur les lois générales des combinaisons, lois applicables à des corps qui, peut-être, n'existent pas.

naissances astronomiques, et même, d'une autre part, les connaissances physiologiques; en sorte qu'elle tient au système entier des sciences fondamentales. Il en est de même de chacune des sciences naturelles proprement dites. C'est précisément pour ce motif que *la physique concrète*[1] a fait jusqu'à présent si peu de progrès réels, car elle n'a pu commencer à être étudiée d'une manière vraiment rationnelle qu'après *la physique abstraite*[2], et lorsque toutes les diverses branches principales de celle-ci ont pris leur caractère définitif, ce qui n'a eu lieu que de nos jours. Jusqu'alors on n'a pu recueillir à ce sujet que des matériaux plus ou moins incohérents, qui sont même encore fort incomplets. Les faits connus ne pourront être coordonnés de manière à former de véritables théories spéciales des différents êtres de l'univers, que lorsque la distinction fondamentale rappelée ci-dessus sera plus profondément sentie et plus régulièrement organisée, et que, par suite, les savants particulièrement livrés à l'étude des sciences naturelles proprement dites auront reconnu la nécessité de fonder leurs recherches sur une connaissance approfondie de toutes les sciences fondamentales, condition qui est encore aujourd'hui fort loin d'être convenablement remplie.

L'examen de cette condition confirme nettement pourquoi nous devons, dans ce cours de philosophie positive, réduire nos considérations à l'étude des

1. Entendez *l'ensemble des sciences de la nature* en tant qu'elles se posent des problèmes concrets.

2. L'ensemble des sciences de la nature, en tant qu'elles cherchent des lois applicables à tout un ordre de faits.

sciences générales, sans embrasser en même temps les
sciences descriptives ou particulières. On voit naître
ici en effet une nouvelle propriété essentielle de cette
étude propre des généralités de la physique abstraite;
c'est de fournir la base rationnelle d'une physique
concrète vraiment systématique. Ainsi, dans l'état
présent de l'esprit humain, il y aurait une sorte de
contradiction à vouloir réunir, dans un seul et même
cours, les deux ordres de sciences[1]. On peut dire, de

1. La distinction est d'autant plus indispensable à bien
marquer, dès le début du cours de philosophie positive, qu'un
des attributs de l'esprit métaphysique consiste à ne pas
séparer l'*abstrait* du *concret*, le *rationnel* de l'*expérimental*.
L'examen de la mécanique en témoigne : « Le caractère de
science naturelle, encore plus évidemment inhérent à la
mécanique qu'à la géométrie, est aujourd'hui complètement
déguisé dans presque tous les esprits par l'emploi des considérations ontologiques. On remarque, dans toutes les notions
fondamentales de cette science, une confusion profonde et
continuelle entre le point de vue abstrait et le point de vue
concret, qui empêche de distinguer nettement ce qui est
réellement physique de ce qui est purement logique, *et de
séparer avec exactitude les conceptions artificielles, uniquement
destinées à faciliter l'établissement des lois générales de l'équilibre ou du mouvement, des faits naturels fournis par l'observation effective du monde extérieur*, qui constituent les bases
réelles de la science. On peut même reconnaître que l'immense perfectionnement de la mécanique rationnelle depuis
un siècle, soit sous le rapport de l'extension de ses théories,
soit quant à leur coordination, a fait, en quelque sorte, rétrograder sous ce rapport la conception philosophique de la
science, qui est communément exposée aujourd'hui d'une
manière beaucoup moins nette que Newton ne l'avait présen-
tée. Ce développement, ayant été en effet essentiellement

plus, que, quand même la physique concrète aurait déjà
atteint le degré de perfectionnement de la physique abstraite, et que, par suite, il serait possible, dans un cours
de philosophie positive, d'embrasser à la fois l'une et
l'autre, il n'en faudrait pas moins évidemment commencer par la section abstraite, qui restera la base invariable de l'autre. Il est clair, d'ailleurs, que la seule
étude des généralités des sciences fondamentales est
assez vaste par elle-même, pour qu'il importe d'en
écarter, autant que possible, toutes les considérations
qui ne sont pas indispensables ; or, celles relatives aux
sciences secondaires seront toujours, quoi qu'il arrive,
d'un genre distinct. La philosophie des sciences fondamentales, présentant un système de conceptions positives sur tous nos ordres de connaissances réelles,
suffit, par cela même, pour constituer cette *philosophie
première* que cherchait Bacon [1], et qui, étant destinée
à servir désormais de base permanente à toutes les
spéculations humaines, doit être soigneusement réduite à la plus simple expression possible.

Je n'ai pas besoin d'insister davantage en ce moment

obtenu par l'usage de plus en plus exclusif de l'analyse mathématique, l'importance prépondérante de cet admirable
instrument a fait graduellement contracter l'habitude de ne
voir dans la mécanique rationnelle que de simples questions
d'analyse ; et, par une extension abusive, quoique très naturelle, d'une telle manière de procéder, on a tenté d'établir,
a priori, d'après des considérations purement analytiques,
jusqu'aux principes fondamentaux de la science, que Newton
s'était sagement borné à présenter comme le résultat de la
seule observation. » (15ᵉ leçon.)

1. Cf. p. 98, n. 1.

sur une telle discussion, que j'aurai naturellement plusieurs occasions de reproduire dans les diverses parties de ce cours. L'explication précédente est assez développée pour motiver la manière dont j'ai circonscrit le sujet général de nos considérations.

Ainsi, en résultat de tout ce qui vient d'être exposé dans cette leçon, nous voyons : 1° que la science humaine se composant, dans son ensemble, de connaissances spéculatives et de connaissances d'application, c'est seulement des premières que nous devons nous occuper ici ; 2° que les connaissances théoriques ou les sciences proprement dites, se divisant en sciences générales et sciences particulières, nous devons ne considérer ici que le premier ordre, et nous borner à la physique abstraite, quelque intérêt que puisse nous présenter la physique concrète.

Le sujet propre de ce cours étant par là exactement circonscrit, il est facile maintenant de procéder à une classification rationnelle vraiment satisfaisante des sciences fondamentales, ce qui constitue la question encyclopédique, objet spécial de cette leçon.

V. — Il faut, avant tout, commencer par reconnaître que, quelque naturelle que puisse être une telle classification, elle renfermera toujours nécessairement quelque chose, sinon d'arbitraire, du moins d'artificiel, de manière à présenter une imperfection véritable.

En effet, le but principal que l'on doit avoir en vue dans tout travail encyclopédique, c'est de disposer les sciences dans l'ordre de leur enchaînement naturel[1],

1. Selon le modèle donné, en biologie, par la méthode des classifications.

en suivant leur dépendance mutuelle; de telle sorte qu'on puisse les exposer successivement, sans jamais être entraîné dans le moindre cercle vicieux[1]. Or, c'est une condition qu'il me paraît impossible d'accomplir d'une manière tout à fait rigoureuse. Qu'il me soit permis de donner ici quelque développement à cette réflexion, que je crois importante pour caractériser la véritable difficulté de la recherche qui nous occupe actuellement. Cette considération, d'ailleurs, me donnera lieu d'établir, relativement à l'exposition de nos connaissances, un principe général dont j'aurai plus tard à présenter de fréquentes applications.

Toute science peut être exposée suivant deux marches essentiellement distinctes, dont tout autre mode d'exposition ne saurait être qu'une combinaison, la marche *historique* et la marche *dogmatique*.

Par le premier procédé, on expose successivement les connaissances dans le même ordre effectif suivant lequel l'esprit humain les a réellement obtenues, et en adoptant, autant que possible, les mêmes voies.

Par le second, on présente le système des idées tel qu'il pourrait être conçu aujourd'hui par un seul esprit, qui, placé au point de vue convenable, et pourvu des connaissances suffisantes, s'occuperait à refaire la science dans son ensemble.

Le premier mode est évidemment celui par lequel commence, de toute nécessité, l'étude de chaque science naissante; car il présente cette propriété de n'exiger,

1. Il y aurait cercle vicieux si une science s'appuyait sur les lois d'une autre science, indémontrables elles-mêmes, sans un recours à la première.

pour l'exposition des connaissances, aucun nouveau travail distinct de celui de leur formation [1], toute la didactique se réduisant alors à étudier successivement, dans l'ordre chronologique, les divers ouvrages originaux qui ont contribué aux progrès de la science.

Le mode dogmatique, supposant au contraire que tous ces travaux particuliers ont été refondus en un système général, pour être présentés suivant un ordre logique plus naturel [2], n'est applicable qu'à une science déjà parvenue à un assez haut degré de développement. Mais, à mesure que la science fait des progrès, l'ordre *historique* d'exposition devient de plus en plus impraticable, par la trop longue suite d'intermédiaires qu'il obligerait l'esprit à parcourir ; tandis que l'ordre *dogmatique* devient de plus en plus possible, en même temps que nécessaire [3], parce que de nouvelles conceptions permettent de présenter les découvertes antérieures sous un point de vue plus direct.

C'est ainsi, par exemple, que l'éducation d'un géomètre de l'antiquité consistait simplement dans l'étude successive du très petit nombre de traités originaux

1. C'est-à-dire aucun travail consistant en une élaboration réfléchie dont le but serait de *trouver l'ordre rationnel des notions acquises.*

2. Plus conforme à la nature de l'esprit.

3. Tant qu'un petit nombre seulement de notions ont été acquises, il est impossible de les exposer dogmatiquement parce qu'on ne voit pas d'une manière bien nette leurs rapports, les intermédiaires manquant. Lorsque les lois découvertes sont plus nombreuses, l'esprit peut s'enquérir de leurs relations réciproques ; il faut même qu'il le fasse pour obéir à son besoin de simplifier et d'unifier.

produits jusqu'alors sur les diverses parties de la géométrie, ce qui se réduisait essentiellement aux écrits
d'Archimède et d'Apollonius; tandis que, au contraire,
un géomètre moderne a communément terminé son
éducation, sans avoir lu un seul ouvrage original, excepté relativement aux découvertes les plus récentes,
qu'on ne peut connaître que par ce moyen.

La tendance constante de l'esprit humain, quant à
l'exposition des connaissances, est donc de substituer
de plus en plus à l'ordre historique l'ordre dogmatique,
qui peut seul convenir à l'état perfectionné de notre
intelligence.

Le problème général de l'éducation intellectuelle
consiste à faire parvenir, en peu d'années, un seul entendement, le plus souvent médiocre, au même point
de développement qui a été atteint, dans une longue
suite de siècles, par un grand nombre de génies su-
périeurs appliquant successivement, pendant leur vie
entière, toutes leurs forces à l'étude d'un même sujet
Il est clair, d'après cela, que, quoiqu'il soit infiniment
plus facile et plus court d'apprendre que d'inventer, il
serait certainement impossible d'atteindre le but proposé[1], si l'on voulait assujettir chaque esprit individuel

1. Parce que l'enseignement résume et rend aisément assi-
milable l'effort collectif de l'humanité. Toutefois, cette assertion appelle des réserves : on ne connaît bien une science
que par la pratique ; et, pratiquer une méthode, c'est en user
pour faire des découvertes. Aussi, faut-il qu'en bien des cas
les hommes, incapables de contrôler les vérités que leur
livrent les spécialistes compétents, acceptent purement et
simplement comme démontrées certaines propositions que
tout le monde ne saurait juger.

à passer successivement par les mêmes intermédiaires qu'a dû suivre nécessairement le génie collectif de l'espèce humaine. De là, l'indispensable besoin de l'ordre dogmatique, qui est surtout si sensible aujourd'hui pour les sciences les plus avancées, dont le mode ordinaire d'exposition ne présente plus presque aucune trace de la filiation effective de leurs détails.

Il faut, néanmoins, ajouter, pour prévenir toute exagération, que tout mode réel d'exposition est, inévitablement, une certaine combinaison de l'ordre dogmatique avec l'ordre historique, dans laquelle seulement le premier doit dominer constamment et de plus en plus. L'ordre dogmatique ne peut, en effet, être suivi d'une manière tout à fait rigoureuse ; car, par cela même qu'il exige une nouvelle élaboration des connaissances acquises, il n'est point applicable, à chaque époque de la science, aux parties récemment formées, dont l'étude ne comporte qu'un ordre essentiellement historique, lequel ne présente pas, d'ailleurs, dans ce cas, les inconvénients principaux qui le font rejeter en général.

La seule imperfection fondamentale qu'on pourrait reprocher au mode *dogmatique*, c'est de laisser ignorer la manière dont se sont formées les diverses connaissances humaines, ce qui, quoique distinct de l'acquisition même de ces connaissances, est, en soi, du plus haut intérêt pour tout esprit philosophique. Cette considération aurait, à mes yeux, beaucoup de poids, si elle était réellement un motif en faveur de l'ordre historique. Mais il est aisé de voir qu'il n'y a qu'une relation apparente entre étudier une science en suivant le mode dit *historique*, et connaître véritablement l'histoire effective de cette science.

En effet, non seulement les diverses parties de chaque science, qu'on est conduit à séparer dans l'ordre *dogmatique*, se sont, en réalité, développées simultanément et sous l'influence les unes des autres, ce qui tendrait à faire préférer l'ordre *historique ;* mais en considérant, dans son ensemble, le développement effectif de l'esprit humain, on voit de plus que les différentes sciences ont été, dans le fait, perfectionnées en même temps et mutuellement ; on voit même que les progrès des sciences et ceux des arts ont dépendu les uns des autres, par d'innombrables influences réciproques, et enfin que tous ont été étroitement liés au développement général de la société humaine. Ce vaste enchaînement est tellement réel, que souvent, pour concevoir la génération effective d'une théorie scientifique, l'esprit est conduit à considérer le perfectionnement de quelque art qui n'a avec elle aucune liaison rationnelle, ou même quelque progrès particulier dans l'organisation sociale, sans lequel cette découverte n'eût pu avoir lieu. Nous en verrons dans la suite de nombreux exemples. Il résulte donc de là que l'on ne peut connaître la véritable histoire de chaque science, c'est-à-dire la formation réelle des découvertes dont elle se compose, qu'en étudiant, d'une manière générale et directe, l'histoire de l'humanité. C'est pourquoi tous les documents recueillis jusqu'ici sur l'histoire des mathématiques, de l'astronomie, de la médecine, etc., quelque précieux qu'ils soient, ne peuvent être regardés que comme des matériaux.

Le prétendu ordre *historique* d'exposition, même quand il pourrait être suivi rigoureusement pour les détails de chaque science en particulier, serait déjà purement hypothétique et abstrait sous le rapport le plus important, en ce qu'il considérerait le développement de cette science comme isolé. Bien loin de mettre en évidence la véritable histoire de la science, il tendrait à en faire concevoir une opinion très fausse.

Ainsi, nous sommes certainement convaincus que la connaissance de l'histoire des sciences est de la plus haute importance[1]. Je pense même qu'on ne connaît

1. Cette importance vient de ce que tous les travaux scientifiques doivent être subordonnés à la théorie du développement de l'humanité. En effet « le développement de l'esprit humain n'est possible que par l'état social dont la considération directe doit donc prévaloir, toutes les fois qu'il s'agit immédiatement des résultats quelconques de ce développement ». Au point de vue statique, la sociologie rendra vraiment rationnelle et positive l'étude des relations entre les différentes sciences. Au point de vue dynamique, les indications de l'histoire peuvent « régulariser à un certain degré l'essor spontané des découvertes scientifiques en évitant surtout les tentatives chimériques ou trop prématurées ». Malheureusement, la véritable théorie de l'histoire des sciences n'existe pas encore, et cette lacune est due à l'absence d'une direction philosophique, que, seule, la sociologie peut imprimer à des travaux jusqu'ici perdus dans le détail et dans le désordre de l'érudition.

Chacune des sciences fondamentales « possède, par sa nature, l'importante propriété de manifester spécialement l'un des principaux attributs de la méthode positive universelle, quoique tous doivent nécessairement se retrouver, à un certain degré, dans toutes les autres sciences, en vertu

pas complètement une science tant qu'on n'en sait pas
l'histoire. Mais cette étude doit être conçue comme entièrement séparée de l'étude propre et dogmatiqų ę de
la science, sans laquelle même cette histoire ne serait
pas intelligible. Nous considérerons donc avec beaucoup de soin l'histoire réelle des sciences fondamen-

de notre invariable unité logique ». L'astronomie nous permet de nous rendre compte de la nature et du rôle de l'*observation*. On étudie en *physique* la théorie de l'*expérimentation*. A la *biologie* appartient *l'art comparatif*. La *science
sociale* doit mettre en évidence un « quatrième mode d'exploration » : *la méthode historique*. Il suffit pour cela « de
concevoir chaque découverte quelconque à l'instant où elle
s'accomplit comme constituant un véritable phénomène
social, faisant partie de la série générale du développement
humain, et, à ce titre, soumis aux lois de succession et aux
méthodes d'exploration qui caractérisent cette grande évolution ». En effet, si l'on arrive à établir les lois de l'évolution
de l'esprit humain, il deviendra possible, connaissant la
série antérieure des opérations scientifiques, de déterminer
la série ultérieure. En d'autres termes la méthode historique
permettrait une *prévision rationnelle des découvertes*. Les
travaux qui contribuent aux progrès des connaissances ne se
feraient donc plus au hasard, mais seraient disciplinés par
une théorie qui leur assignerait la direction dans laquelle les
efforts s'exerceront avec succès. « La méthode historique est
donc destinée, en dominant désormais l'usage systématique de
toutes les autres méthodes scientifiques quelconques, à leur
procurer une plénitude de rationalité qui leur manque essentiellement encore, *en transportant, autant que possible, à
l'ensemble cette progression sagement ordonnée qui n'existe
aujourd'hui que pour les détails :* le choix habituel des sujets
de recherches jusqu'ici presque arbitraire, ou du moins
éminemment empirique, tendra dès lors à acquérir, à un cer-

tales qui vont être le sujet de nos méditations; mais ce sera seulement dans la dernière partie de ce cours, celle relative à l'étude des phénomènes sociaux, en traitant du développement général de l'humanité, dont l'histoire des sciences constitue la partie la plus importante, quoique jusqu'ici la plus négligée. Dans l'étude

tain degré, ce caractère vraiment scientifique que présente seule maintenant l'investigation partielle de chacun d'eux. » (49ᵉ leçon.)

Dans la 28ᵉ leçon, Comte a donné « un exemple caractéristique de l'utilité scientifique de cette méthode historique en établissant, surtout d'après elle, la théorie positive des hypothèses vraiment rationnelles en philosophie naturelle et principalement en physique ». Une hypothèse scientifique — pour n'être que l'anticipation de ce que l'observation ou le raisonnement auraient pu saisir, en supposant les circonstances du problème un peu plus favorables — doit se trouver en harmonie avec l'ensemble des données acquises. Seule l'histoire des sciences assure cette harmonie. En outre, d'une façon générale, l'étude historique d'une science aussi parfaite que l'astronomie, où l'on a depuis longtemps renoncé à faire des hypothèses portant sur autre chose que les phénomènes et leurs lois, est éminemment propre à inspirer à tous les savants cette réserve nécessaire. L'emploi de la méthode historique, à propos de la question des hypothèses, a aussi permis à Comte de découvrir la filiation d'idées théologico-métaphysiques qui retardaient encore l'avancement des sciences. « En étudiant la marche de l'esprit humain au xviiᵉ siècle, on reconnaît aussitôt combien, à cette époque, les géomètres et les astronomes étaient généralement préoccupés d'hypothèses parfaitement analogues à celles que nous jugeons ici. (Les hypothèses des physiciens sur les *fluides* imaginaires.) Tel est éminemment le caractère de la vaste conception de Descartes, sur l'explication des mouvements célestes par l'in-

de chaque science, les considérations historiques inci-
dentes qui pourront se présenter auront un caractère
nettement distinct, de manière à ne pas altérer la nature propre de notre travail principal.

fluence d'un système de tourbillons imaginaires. L'histoire
rationnelle de cette grande hypothèse est ce qu'on peut trouver de plus propre à éclaircir l'ensemble de la question
actuelle : car, ici, l'analyse peut porter nettement sur une
opération philosophique complètement achevée, où nous sui-
vons aisément aujourd'hui l'enchaînement des trois phases
essentielles : la création de l'hypothèse, son usage temporaire,
indispensable, et enfin son rejet définitif quand elle a eu
rempli sa destination réelle ». (28ᵉ leçon.)

Il faut conclure de cette évolution que nous observons
dans la science astronomique, à une évolution prochaine et
de même sorte dans la science physique. « Il n'a peut-être
pas existé un seul savant de quelque valeur pendant le
xviiᵉ siècle, même longtemps après Galilée, qui n'ait construit
ou adopté un système sur les causes de la chute des corps.
Qui s'occupe aujourd'hui de ces hypothèses, sans lesquelles,
à cette époque, l'étude de la pesanteur semblait cependant
impossible? Si cet usage a cessé en barologie, pourquoi se
prolongerait-il indéfiniment pour les autres parties de la
physique? L'acoustique en est également affranchie, à peu
près depuis la même époque. L'influence philosophique des
travaux du grand Fourier sur la théorie de la chaleur a produit une heureuse impulsion qui tend évidemment aujourd'hui
à débarrasser pour jamais la thermologie de tous les fluides
et éthers imaginaires. Restent donc seulement l'étude de la
lumière et celle de l'électricité; or, il serait certainement impossible de trouver, à leur égard, aucun motif réel qui dût
les faire excepter de la règle générale... Je ne saurais trop
fortement recommander en général quant à toutes les hautes
difficultés analogues que peut présenter la philosophie des

La discussion précédente, qui doit d'ailleurs, comme
on le voit, être spécialement développée plus tard, tend
à préciser davantage, en le présentant sous un nouveau
point de vue, le véritable esprit de ce cours. Mais,

sciences, l'usage de la méthode historique comparative que
je viens d'appliquer; c'est du moins à une telle marche que
j'ai toujours dû primitivement, non seulement une analyse
satisfaisante de la question précédente, mais une solution
claire de tous mes problèmes philosophiques... Je dois ici me
borner, à ce sujet, à poser en principe que la philosophie des
sciences ne saurait être convenablement étudiée séparément
de leur histoire, sous peine de ne conduire qu'à de vagues
et stériles aperçus; comme, en sens inverse, cette histoire,
isolée de cette philosophie, serait inexplicable et oiseuse. »
(*Ibid.*) Ailleurs, dans une note à la 49ᵉ leçon, Comte justifie
cette dernière affirmation : « La similitude essentielle qui
doit inévitablement régner entre la marche intellectuelle de
l'individu et celle de l'espèce indique évidemment qu'on ne
saurait convenablement saisir la coordination pleinement
rationnelle des diverses conceptions scientifiques, si l'on n'est
point guidé par la vraie théorie de leur enchaînement historique, que la physique sociale peut seule réellement fournir
à chaque science spéciale. »

En résumé : 1º chaque découverte scientifique, étant un phénomène humain et social, doit être étudiée par la méthode
propre à la sociologie, l'histoire ; 2º le développement de l'esprit humain étant soumis à des lois, la méthode historique
arrivera à permettre une prévision rationnelle du progrès de
la science, prévision fondée, d'une part, sur ces lois, d'autre
part sur la connaissance des recherches antérieures; 3º l'histoire doit être pratiquée par tous les savants dont elle orien-
tera l'effort et auxquels elle épargnera des tentatives chimériques et prématurées, en rattachant d'une façon rationnelle
leurs idées à la série nécessaire de celles de leurs prédé-
cesseurs.

surtout, il en résulte, relativement à la question actuelle, la détermination exacte des conditions qu'on doit s'imposer et qu'on peut justement espérer de remplir dans la construction d'une échelle encyclopédique des diverses sciences fondamentales.

On voit en effet[1], que, quelque parfaite qu'on pût la supposer, cette classification ne saurait jamais être rigoureusement conforme à l'enchaînement historique des sciences. Quoi qu'on fasse, on ne peut éviter entièrement de présenter comme antérieure telle science qui aura cependant besoin, sous quelques rapports particuliers plus ou moins importants, d'emprunter des notions à une autre science classée dans un rang postérieur. Il faut tâcher seulement qu'un tel inconvénient n'ait pas lieu relativement aux conceptions caractéristiques de chaque science, car alors la classification serait tout à fait vicieuse.

Ainsi, par exemple, il me semble incontestable que, dans le système général des sciences, l'astronomie doit être placée avant la physique proprement dite[2], et néanmoins plusieurs branches de celle-ci, surtout l'optique, sont indispensables à l'exposition complète de la première[3].

1. A cause de la combinaison inévitable entre le mode d'exposition *historique* et le mode *dogmatique*.
2. En raison de la généralité plus grande des phénomènes astronomiques.
3. Les observations astronomiques consistent toujours à mesurer des temps et des angles. L'étude des phénomènes physiques a permis de perfectionner les procédés chronométriques. Les anciens se servaient (clepsydres, sabliers) du

De tels défauts secondaires, qui sont strictement inévitables, ne sauraient prévaloir contre une classification, qui remplirait d'ailleurs convenablement les
conditions principales. Ils tiennent à ce qu'il y a nécessairement d'artificiel dans notre division du travail
intellectuel.

mouvement produit par la pesanteur dans l'écoulement des
liquides. La substitution des solides aux liquides par l'invention des horloges, dont les poids descendent verticalement,
rend les mesures plus précises et plus régulières. Toutefois,
le mouvement de descente n'étant pas uniforme, mais accé-
léré, on n'obtient pas encore une régularité parfaite. La théorie des oscillations du pendule isochrone amène à la meil-
leure évaluation du temps (20ᵉ leçon); quant à la mesure des
angles, elle présente une difficulté spéciale que les instruments d'optique ont aidé à résoudre : « Lorsqu'on se propose d'évaluer un angle seulement à une minute près, il faudrait, d'après un calcul très facile, un cercle de sept mètres
de diamètre environ, en y accordant aux minutes une étendue
d'un millimètre, et l'indication directe des secondes sexagési-
males, en réduisant chacune à occuper un dixième de millimètre, exigerait un diamètre de plus de quarante mètres. D'un
autre côté, en restant même fort au-dessous de dimensions
aussi impraticables, l'expérience a démontré que, indépendamment de l'exécution difficile et de l'usage incommode, la
grandeur des instruments ne pouvait excéder certaines
limites assez médiocres, sans nuire nécessairement à leur
précision, à cause de leur déformation inévitable par le poids,
la température, etc. En appliquant les lunettes, non plus à
l'observation directe des astres, mais aux instruments angulaires, les difficultés disparaissent. Mais les faits directement constatés se réduisent en somme à bien peu de chose
en astronomie: noter la position d'un astre à tel moment,
compter des temps, mesurer des angles, c'est là toutes les

Néanmoins, quoique, d'après les explications précédentes, nous ne devions pas prendre l'ordre historique pour base de notre classification, je ne dois pas négliger d'indiquer d'avance, comme une propriété essentielle de l'échelle encyclopcédique que je vais proposer, sa conformité générale avec l'ensemble de l'his-

données immédiates que l'on puisse atteindre. La plupart des phénomènes célestes sont *construits* par l'esprit. Aussi ne faut-il pas s'exagérer l'influence des progrès de la physique sur ceux de l'astronomie. » L'astronomie avait certainement, entre les mains d'Hipparque et de ses successeurs, tous les caractères d'une véritable science, au moins sous le rapport géométrique, pendant que la physique, la chimie, etc, étaient encore profondément enfoncées dans le chaos métaphysique et même théologique. A une époque toute moderne Képler a découvert ses grandes lois astronomiques d'après les observations faites par Ticho-Brahé, avant les grands perfectionnements des instruments et essentiellement avec les mêmes moyens matériels qu'employaient les Grecs. Les instruments de précision n'ont ainsi nullement contribué à la découverte de la gravitation : et c'est seulement depuis lors qu'ils sont devenus nécessaires pour correspondre à la nouvelle perfection que la théorie permettait désormais dans les déterminations astronomiques. Le grand instrument qui réellement produisit toutes les découvertes fondamentales de l'astronomie, ce fut d'abord la géométrie, et plus tard la mécanique rationnelle..... L'indépendance de l'astronomie, relativement aux autres branches de la philosophie naturelle, demeure donc incontestable.

L'optique a été utile à l'astronomie pour établir la théorie des réfractions. Il fallait dégager les observations d'une source d'erreur : la déviation subie par les rayons lumineux en traversant l'atmosphère. La loi de la réfraction [« proportionnalité constante des sinus des angles que le rayon

toire scientifique ; en ce sens que, malgré la simultanéité[1]
réelle et continue du développement des différentes
sciences, celles qui seront classées comme antérieures
seront, en effet, plus anciennes et constamment plus
avancées que celles présentées comme postérieures.
C'est ce qui doit avoir lieu inévitablement si, en réalité,
nous prenons, comme cela doit être, pour principe
de classification, l'enchaînement logique[2] naturel des
diverses sciences, le point de départ de l'espèce ayant
dû nécessairement être le même que celui de l'individu.

Pour achever de déterminer avec toute la précision
possible la difficulté exacte de la question encyclopédique que nous avons à résoudre, je crois utile d'introduire une considération mathématique fort simple qui

réfracté et le rayon incident, toujours contenus d'ailleurs
dans un même plan normal, forment avec la perpendi-
culaire à la surface réfringente, en quelque sens que la réfraction ait lieu » (33ᵉ leçon)] a fait connaître quelle pouvait être
l'influence de l'atmosphère. Le baromètre et le thermomètre
ont permis de déterminer l'état de densité des couches d'air
considérées et, par conséquent, de mesurer comment devait
varier la réfraction en vertu de cette densité ; c'est encore grâce
aux lois de l'optique que les atmosphères des corps célestes
ont pu être étudiées indirectement.

1. Simultanéité qui tient d'abord à ce que les sciences sont
solidaires les unes des autres, ensuite à ce que l'esprit humain, en raison de son *unité logique*, use toujours de toutes
les méthodes à la fois quoique dans des proportions différentes.

2. C'est-à-dire : l'enchaînement qui résulte de la connaissance des lois de l'esprit humain et de celles des objets sur
lesquels portent les sciences à classer.

résumera rigoureusement l'ensemble des raisonnements exposés jusqu'ici dans cette leçon. Voici en quoi elle consiste.

Nous nous proposons de classer les sciences fondamentales. Or, nous verrons bientôt que, tout bien considéré, il n'est pas possible d'en distinguer moins de six ; la plupart des savants en admettraient même vraisemblablement un plus grand nombre. Cela posé, on sait que six objets comportent 720 dispositions différentes. Les sciences fondamentales pourraient donc donner lieu à 720 classifications distinctes, parmi lesquelles il s'agit de choisir la classification nécessairement unique [1], qui satisfait le mieux aux principales conditions du problème. On voit que, malgré le grand nombre d'échelles encyclopédiques successivement proposées jusqu'à présent, la discussion n'a porté encore que sur une bien faible partie des dispositions possibles ; et néanmoins, je crois pouvoir dire sans exagération qu'en examinant chacune de ces 720 classifications, il n'en serait peut-être pas une seule en faveur de laquelle on ne pût faire valoir quelques motifs plausibles ; car, en observant les diverses dispositions qui ont été effectivement proposées, on remarque entre elles les plus extrêmes différences : les sciences qui sont placées par les uns à la tête du système encyclopédique, étant renvoyées par d'autres à l'extrémité opposée, et réciproquement. C'est donc dans ce choix

1. Nécessairement unique puisqu'elle doit reproduire l'enchaînement réel des phénomènes et qu'il ne peut y avoir qu'une seule classification correspondant aux lois de l'esprit aussi bien qu'à celles des faits extérieurs.

d'un seul ordre vraiment rationnel, parmi le nombre
très considérable des systèmes possibles, que consiste
la difficulté précise de la question que nous avons
posée.

VI. — Abordant maintenant d'une manière directe
cette grande question, rappelons-nous d'abord que
pour obtenir une classification naturelle et positive des
sciences fondamentales, c'est dans la comparaison des
divers ordres de phénomènes dont elles ont pour objet
de découvrir les lois que nous devons en chercher le
principe[1]. Ce que nous voulons déterminer, c'est la
dépendance réelle[2] des diverses études scientifiques.
Or cette dépendance ne peut résulter que de celle des
phénomènes correspondants.

En considérant sous ce point de vue tous les phénomènes observables, nous allons voir qu'il est possible de
les classer en un petit nombre de catégories naturelles, disposées d'une telle manière que l'étude ratio-
nelle de chaque catégorie soit fondée sur la connaissance des lois principales de la catégorie précédente,
et devienne le fondement de l'étude de la suivante. Cet
ordre est déterminé par le degré de simplicité, ou, ce

1. Ce principe résulte de la théorie des classifications,
telle qu'elle nous est proposée comme modèle par la science
biologique. (Cf. p. 94, n. 1.)
La classification est le procédé le plus parfait de l'*art
comparatif*.
2. C'est-à-dire une dépendance qui non seulement soit
satisfaisante pour notre esprit, mais encore qui exprime
l'ordre effectif de complexité entre les phénomènes, et par
conséquent entre leurs lois.

qui revient au même, par le degré de généralité des
phénomènes, d'où résulte leur dépendance successive,
et, en conséquence, la facilité plus ou moins grande de
leur étude[1].

1. Le passage qui aide le mieux, nous semble-t-il, à comprendre ce que Comte entend par une *étude rationnelle des
phénomènes dans l'ordre de simplicité décroissante* est celui
de la 10ᵉ leçon, où il définit l'objet de la géométrie. La science
géométrique se propose, — après avoir déterminé les lignes
permettant d'évaluer la grandeur d'une surface ou d'un volume quelconque, — de déduire de cette détermination le
rapport de la surface ou du volume à l'unité de surface ou à
l'unité de volume. Bref, la géométrie consiste à « ramener
des comparaisons de surface ou de volumes à de simples comparaisons de lignes ».
En examinant cette définition, on voit qu'un procédé scientifique est *rationnel*, au sens qu'attache Comte à ce mot,
*lorsqu'il permet d'arriver à la connaissance du complexe par
celle du simple, qui lui est homogène*. Le simple, c'est donc
*la dernière abstraction possible opérée par l'esprit à partir des
phénomènes*. Ainsi, dans la détermination du volume, l'élément simple homogène, c'est la ligne, parce que telle est la
dernière abstraction à laquelle puisse parvenir l'esprit. C'est
pourquoi le procédé qui consiste à mesurer le volume par la
détermination des lignes est dit *rationnel*, tandis que celui
qui déterminerait le *volume* ou la *surface* par le *poids* serait
empirique. Par exemple, Galilée, ne pouvant déterminer
géométriquement le rapport entre l'aire de la cycloïde engen-
drée et l'aire du cercle générateur, pèse deux lames de même
métal et de même épaisseur, dont l'une a la forme de la
cycloïde, l'autre celle du cercle. Le poids de la cycloïde
étant constamment triple de celui du cercle, il en conclut
que l'aire aussi est triple. C'est là une solution empirique ;
la véritable solution géométrique rationnelle est celle de
Pascal et Wallis.

Il est clair, en effet, *a priori*, que les phénomènes les
plus simples, ceux qui se compliquent le moins des
autres, sont nécessairement aussi les plus généraux ;
car ce qui s'observe dans le plus grand nombre de cas
est, par cela même, dégagé le plus possible des circonstances propres à chaque cas séparé. C'est donc par
l'étude des phénomènes les plus généraux ou les plus
simples qu'il faut commencer, en procédant ensuite
successivement jusqu'aux phénomènes les plus particuliers ou les plus compliqués, si l'on veut concevoir
la philosophie naturelle d'une manière vraiment méthodique; car cet ordre de généralité ou de simplicité,
déterminant nécessairement l'enchaînement rationnel
des diverses sciences fondamentales par la dépendance
successive de leurs phénomènes, fixe ainsi leur degré
de facilité.

En même temps, par une considération auxiliaire que
je crois important de noter ici, et qui converge exactement avec toutes les précédentes, les phénomènes les
plus généraux ou les plus simples, se trouvant nécessairement les plus étrangers à l'homme [1], doivent, par cela
même, être étudiés dans une disposition d'esprit plus
calme, plus rationnelle, ce qui constitue un nouveau
motif pour que les sciences correspondantes se développent plus rapidement.

[1]. Parce qu'ils sont les plus abstraits, les plus dégagés
de la réalité concrète (ex., les phénomènes géométriques),
tandis que les faits sociaux ont la plus extrême complexité,
d'où résulte la grande difficulté de leur étude, l'impulsion
passionnée y nuisant souvent à l'impartialité de l'observation, à la rigueur du raisonnement.

VII. — Ayant ainsi indiqué la règle fondamentale qui doit présider à la classification des sciences, je puis passer immédiatement à la construction de l'échelle encyclopédique d'après laquelle le plan de ce cours doit être déterminé, et que chacun pourra aisément apprécier à l'aide des considérations précédentes.

Une première contemplation de l'ensemble des phénomènes naturels nous porte à les diviser d'abord, conformément au principe que nous venons d'établir, en deux grandes classes principales, la première comprenant tous les phénomènes des corps bruts, la seconde tous ceux des corps organisés.

Ces derniers sont évidemment, en effet, plus compliqués et plus particuliers que les autres; ils dépendent des précédents, qui, au contraire, n'en dépendent nullement. De là la nécessité de n'étudier les phénomènes physiologiques qu'après ceux des corps inorganiques. De quelque manière qu'on explique les différences de ces deux sortes d'êtres, il est certain qu'on observe dans les corps vivants tous les phénomènes, soit mécaniques, soit chimiques, qui ont lieu dans les corps bruts, plus un ordre tout spécial de phénomènes, les phénomènes vitaux proprement dits, ceux qui tiennent à l'*organisation* [1]. Il ne s'agit pas ici d'exa-

---

1. Cette idée d'*organisation*, c'est, selon Comte, la définition même de la vie. Il n'admet pas la théorie de Bichat, pour qui les phénomènes de la nature vivante sont caractérisés par leur antagonisme avec ceux de la nature morte. La vie exige, au contraire, comme condition fondamentale, une harmonie entre le vivant et son milieu. Il est irrationnel d'exclure cette harmonie de la définition des phénomènes biologiques.

miner si les deux classes de corps sont ou ne sont pas
de la même *nature*, question insoluble qu'on agite
beaucoup trop de nos jours, par un reste d'influence

En outre, cette conception d'un antagonisme et d'une victoire de la vie sur les lois des corps bruts présente de la
manière la plus fausse les rapports de dépendance et de
hiérarchie entre les faits : s'il y avait opposition entre la vie
et les circonstances extérieures, les phénomènes biologiques
seraient donc indépendants des phénomènes astronomiques,
physiques et chimiques, puiqu'ils se soustrairaient, au moins
pour un temps, à l'influence de ces derniers. Or, tout au contraire, plus un phénomène est général, simple et abstrait,
plus il est indépendant ; plus il est particulier, complexe et
concret, plus il est dépendant : « les phénomènes inorganiques, en vertu de leur généralité supérieure, continuent à
se produire avec de simples différences de degré, dans
presque toutes les circonstances extérieures où les corps
peuvent être placés ; ou du moins, ils admettent, à cet égard,
des limites de variation extrêmement écartées. Ces limites
deviennent d'autant plus distantes qu'on s'éloigne davantage
des phénomènes physiologiques, en remontant la hiérarchie
scientifique fondamentale que j'ai établie : enfin, parvenu jusqu'aux phénomènes de pesanteur et de gravitation, on trouve
dès lors une rigoureuse universalité, non seulement quant aux
corps, mais aussi quant aux circonstances. C'est donc là que se
manifeste réellement la plus haute indépendance envers le système ambiant. Le mode d'existence des corps vivants est, au
contraire, nettement caractérisé par une dépendance extrêmement étroite des influences extérieures. » (40ᵉ leçon.) Plus on
s'élève dans la série des organismes, plus cette dépendance
augmente, avec cette réserve cependant qu'à mesure que les
êtres vivants ont besoin pour exister de circonstances plus
complexes, il se produit une sorte de compensation : leur action
sur le milieu devient de plus en plus apte à reculer les limites entre lesquelles la variation des phénomènes extérieurs

des habitudes théologiques et métaphysiques [1] : une telle question n'est pas du domaine de la philosophie positive, qui fait formellement profession d'ignorer

reste supportable. Si la vie n'est pas une victoire sur les phénomènes physiques, peut-on la définir au moyen de la notion d'activité spontanée ? Pas davantage : la définition serait trop large, car tous les corps présentent de l'activité spontanée.

Reste donc l'idée d'*organisation*. M. de Blainville parle d'un « double mouvement intestin, à la fois général et continu, de composition et de décomposition. » A condition qu'on entende explicitement qu'il n'y a point de vie sans un *organisme* déterminé et un *milieu* convenable, la formule de M. de Blainville est parfaite, « car elle présente ainsi l'exacte énonciation du seul phénomène rigoureusement commun à l'ensemble des êtres vivants, considérés dans toutes leurs parties constituantes, et dans tous leurs divers modes de vitalité, en excluant d'ailleurs, par sa composition même, tous les corps réellement inertes. » (*Ibid.*) Entre autres avantages, une telle définition a celui de faire concevoir la vie animale comme s'ajoutant simplement par surcroît à la vie organique. L'activité animale prépare des matériaux en réagissant sur le milieu et lie les actes aux sensations. Mais la vie organique demeure seule continue et commune à tous les tissus. Il n'y a que chez l'homme subordination de l'élément organique à l'élément animal et l'exception vient de ce que les hommes eux-mêmes sont subordonnés à un grand être collectif, l'Humanité.

1. L'influence théologico-métaphysique, représentée surtout par Stahl, prétendrait soustraire les phénomènes de la vie aux lois scientifiques du monde inorganique. Au contraire, les savants de l'école de Boerhaave voudraient absorber la biologie dans la physique, et ne rien voir dans la vie dont les lois des corps inertes ne puissent rendre compte. Le naturaliste, selon Comte, doit *définir* les faits vitaux par leur

absolument la *nature* intime d'un corps quelconque.
Mais il n'est nullement indispensable de considérer
les corps bruts et les corps vivants comme étant d'une
nature essentiellement différente pour reconnaître la
nécessité de la séparation de leurs études.

Sans doute, les idées ne sont pas encore suffisamment fixées sur la manière générale de concevoir les
phénomènes des corps vivants. Mais, quelque parti
qu'on puisse prendre à cet égard par suite des progrès
ultérieurs de la philosophie naturelle, la classification
que nous établissons n'en saurait être aucunement
affectée. En effet, regardât-on comme démontré, ce
que permet à peine d'entrevoir l'état présent de la
physiologie, que les phénomènes physiologiques sont
toujours de simples phénomènes mécaniques, électriques et chimiques, modifiés par la structure et la
composition propres aux corps organisés, notre division fondamentale n'en subsisterait pas moins. Car il
reste toujours vrai, même dans cette hypothèse, que
les phénomènes généraux doivent être étudiés avant de
procéder à l'examen des modifications spéciales, qu'ils
éprouvent dans certains êtres de l'univers, par suite
d'une disposition particulière des molécules [1]. Ainsi la

caractéristique et chercher à déterminer *leurs relations constantes;* mais non pas se poser des questions insolubles sur
leur *nature.* Toute hypothèse qui n'est pas réductible à une
mise en rapport de données de l'observation ou de l'expérimentation se trouve hors du domaine de la philosophie positive.

1. Comte indique ici sommairement le lien entre les
sciences des corps bruts et celles des corps organisés. La

division, qui est aujourd'hui fondée dans la plupart des
esprits éclairés sur la diversité des lois, est de nature
à se maintenir indéfiniment à cause de la subordination
des phénomènes et par suite des études, quelque rapprochement qu'on puisse jamais établir solidement
entre les deux classes de corps.

Ce n'est pas ici le lieu de développer, dans ses

40ᵉ leçon comporte plus de détails et plus de précision :
« toutes les fois qu'il se produit dans l'organisme un acte
vraiment mécanique, physique ou chimique, ce qui a fréquemment lieu, l'explication d'un tel phénomène serait radicalement imparfaite si l'on ne la rattachait point aux lois
générales des phénomènes analogues qui doivent nécessairement s'y vérifier, quelle que soit d'ailleurs la difficulté d'y
réaliser leur exacte application. » Il ne faut pourtant pas
exagérer cette tendance : « car un grand nombre de phénomènes vitaux ne pouvant, par leur nature, avoir réellement
aucun analogue parmi les phénomènes inorganiques, il serait
manifestement absurde de chercher dans ces derniers les
bases positives de la théorie des premiers. La saine biologie
ne peut alors que saisir dans les phénomènes vitaux eux-
mêmes, le plus fondamental de tous, afin d'y rattacher les
autres. » Comte formule un principe de choix fondé sur la
distinction entre la vie organique et la vie animale : « *tous
les actes de la vie organique sont essentiellement physiques et
chimiques, ce qui ne saurait être pour les actes de la vie animale...* Les uns sont donc susceptibles, par leur nature, d'un
ordre plus parfait d'explication, que les autres ne comportent pas. » Néanmoins, si la philosophie organique doit toujours être subordonnée à la philosophie inorganique, elle lui
demeure *irréductible*. Considérons un fait chimique et un
phénomène de la vie : « au moment précis où s'opère une
combinaison chimique quelconque, il se passe réellement
quelque chose d'analogue à la vie *sans aucune autre diffé-*

diverses parties essentielles, la comparaison générale
entre les corps bruts et les corps vivants, qui sera le
sujet spécial d'un examen approfondi dans la section
physiologique de ce cours. Il suffit, quant à présent,
d'avoir reconnu, en principe, la nécessité logique de
séparer la science relative aux premiers de celle relative aux seconds, et de ne procéder à l'étude de la

rence radicale, que l'instantanéité d'un semblable phénomène
(c'est-à-dire que le phénomène chimique ne se renouvelle
pas de lui-même à la différence du phénomène vital qui, au
contraire, dans tout organisme en rapport avec un milieu
convenable, se renouvelle continuellement par cette lutte
régulière et permanente entre le mouvement de décomposition et celui de composition)... Des attributs aussi caractéristiques doivent sans doute *profondément séparer, même dans
les plus imparfaits organismes, les réactions vitales d'avec les
effets chimiques ordinaires...* La source générale de ces importantes différences consiste, ce me semble, en ce que le résultat effectif de chaque conflit chimique, *au lieu de dépendre
toujours uniquement de la simple composition, médiate ou immédiate des corps, entre lesquels il a eu lieu, est alors plus ou
moins modifié par leur organisation proprement dite, c'est-à-
dire par leur structure anatomique.* » Les lois des phénomènes
chimiques fourniront toujours une base indispensable à l'étude
des faits biologiques. Mais ces derniers ont leurs lois propres,
et qu'on ne saurait ramener aux lois de la chimie, malgré
tous les perfectionnements futurs de la science.

Même dépendance, quoique moins immédiate, et même
irréductibilité de la biologie par rapport à la physique proprement dite. L'idée de fonction, si essentielle en physiologie, est
relative à l'action et à la réaction du milieu et de l'organisme.
Or, la physique est la science du milieu dans lequel se
produit la vie. « Mais, de plus, les études biologiques dépendent encore des théories physiques par la considération

physique organique qu'après avoir établi les lois générales de la *physique inorganique*.

VIII. — Passons maintenant à la détermination de la
sous-division principale dont est susceptible, d'après
la même règle, chacune de ces deux grandes moitiés
de la philosophie naturelle.

Pour la *physique inorganique* nous voyons, d'abord,
en nous conformant toujours à l'ordre de généralité et
de dépendance des phénomènes, qu'elle doit être partagée en deux sections distinctes, suivant qu'elle considère les phénomènes généraux de l'univers, ou en
particulier, ceux que présentent les corps terrestres.
D'où la physique céleste, ou l'astronomie, soit géométrique, soit mécanique [1] ; et la physique terrestre. La

directe de l'organisme lui-même, qui, sous quelque aspect
qu'on l'envisage, ne saurait cesser, malgré ses propriétés
caractéristiques, d'être constamment soumis à l'ensemble des
diverses lois fondamentales relatives aux phénomènes généraux, soit de la pesanteur, soit de la chaleur, ou de l'électricité, etc. » L'optique et l'acoustique constituent le point de
départ d'une théorie des sensations ; la théorie de la phonation, celle de la chaleur animale, celle des propriétés électriques de l'organisme supposent la connaissance des lois
physiques.

1. La *géométrie céleste* étudie la forme, la grandeur, les lois
de variation des positions. La *mécanique céleste* réduit les
mouvements effectifs à des mouvements plus élémentaires,
et détermine *a priori* les mouvements réels par des calculs.
La règle suivie dans cette subdivision est celle même qui
préside à la classification des sciences fondamentales : passer
du simple au complexe et du moins dépendant au plus
dépendant : « il est clair, en effet, que la géométrie céleste
est, par sa nature, beaucoup plus simple que la mécanique

nécessité de cette division est exactement semblable à celle de la précédente.

Les phénomènes astronomiques étant les plus généraux, les plus simples, les plus abstraits de tous [1], c'est

céleste ; et, d'un autre côté, elle en est essentiellement indépendante, quoique celle-ci. puisse contribuer singulièrement à la perfectionner. Dans l'astronomie proprement dite, il ne s'agit que de déterminer la forme et la grandeur des corps célestes et d'étudier les lois géométriques suivant lesquelles leurs positions varient, sans considérer les déplacements relativement aux forces qui les produisent, ou, en termes plus positifs, quant aux mouvements élémentaires dont ils dépendent. Aussi a-t-elle pu faire et a-t-elle fait réellement les progrès les plus importants avant que la mécanique céleste eût aucun commencement d'existence... Au contraire, la mécanique céleste est, par sa nature, essentiellement dépendante de la géométrie céleste, sans laquelle elle ne saurait avoir aucun fondement solide. Son objet, en effet, est d'analyser les mouvements effectifs des astres, afin de les ramener, d'après les règles de la mécanique rationnelle, à des mouvements élémentaires, régis par une loi mathématique, universelle et invariable ; et, en partant ensuite de cette loi, de perfectionner à un haut degré la connaissance des mouvements réels en les déterminant *a priori* par des calculs de mécanique générale, empruntant à l'observation directe le moins de données possible, et néanmoins toujours confirmées par elle. »

1. Cette généralité, cette simplicité et ce caractère abstrait tiennent aux conditions dans lesquelles nous nous trouvons placés par rapport aux astres : toute recherche astronomique doit être finalement réductible à une observation visuelle. Les astres sont ainsi : « de tous les êtres naturels, ceux que nous pouvons connaître sous les rapports les moins variés. Nous concevons la possibilité de déterminer leurs formes,

évidemment par leur étude que doit commencer la
philosophie naturelle, puisque les lois auxquelles ils
sont assujettis influent sur celles de tous les autres
phénomènes, dont elles-mêmes sont, au contraire,

leur distance, leur grandeur et leurs mouvements; tandis
que nous ne saurions jamais étudier par aucun moyen leur
composition chimique, ou leur structure minéralogique, et,
à plus forte raison, la nature des corps organisés qui vivent
à leur surface... Nos connaissances positives par rapport aux
astres sont nécessairement limitées à leurs seuls phénomènes
géométriques et mécaniques, sans pouvoir nullement embrasser les autres recherches physiques, chimiques, physiologiques, et même sociales, que comportent les êtres accessibles à tous nos divers moyens d'observation... » (19ᵉ leçon.)
Le seul système céleste que nous ayons réellement besoin de
connaître, parce que seul il influe sur notre existence, c'est
notre système solaire. L'astronomie sera donc limitée au
monde et ne s'étendra point à l'*univers*. Les recherches
sidérales ne sont utiles aux recherches solaires que dans la
mesure où l'on peut considérer certains astres comme relativement fixes et aptes à servir de points de repère.

C'est une loi philosophique que « à mesure que les phénomènes à étudier deviennent plus compliqués, ils sont en
même temps susceptibles, par leur nature, de moyens d'exploration plus étendus et plus variés ». Les faits astronomiques, étant les plus simples de tous, sont ceux aussi pour
lesquels nous possédons le moins de moyens d'exploration.
L'astronomie est réduite à la simple observation, qui d'ailleurs, dans les problèmes de cet ordre, présente de grandes
difficultés et se borne souvent à fournir *les éléments d'une
construction mathématique.*

L'astronomie est la plus parfaite des sciences naturelles,
parce que c'est à elle que les mathématiques s'appliquent le
mieux : « Sous le rapport géométrique, la parfaite régularité
des formes astronomiques, et sous le rapport mécanique,

essentiellement indépendantes. Dans tous les phénomènes de la physique terrestre, on observe d'abord les
effets généraux de la gravitation universelle, plus
quelques autres effets qui leur [1] sont propres, et qui

l'admirable simplicité de mouvements s'opérant dans un
milieu dont la résistance est jusqu'ici négligeable et sous
l'influence d'un petit nombre de forces constamment assu-
jetties à une même loi très facile, permettent d'y conduire,
beaucoup plus loin qu'en tout autre cas, l'application des
méthodes et des théories mathématiques. Il n'est peut-être
pas un seul procédé analytique, une seule doctrine géométrique ou mécanique, qui ne trouve aujourd'hui leur emploi
dans les recherches astronomiques. » (*Ibid.*) C'est pourquoi
la science des corps célestes doit être placée en tête de la
hiérarchie de nos connaissances sur la nature.

Elle mérite aussi le premier rang par le caractère prépon-
dérant des lois qu'elle étudie. « J'ai toujours regardé comme
un véritable trait de génie philosophique de la part de
Newton, d'avoir intitulé son admirable traité de mécanique
céleste : *Philosophiæ naturalis principia mathematica* (*Principes mathématiques de la Philosophie naturelle*). Car on ne
pouvait indiquer, avec une plus énergique concision, que les
lois générales des phénomènes célestes sont le premier fondement du système entier de nos connaissances réelles.
Notre esprit pourrait-il penser, d'une manière réellement
scientifique, à aucun phénomène terrestre, sans considérer
auparavant ce qu'est cette terre dans le monde dont nous
faisons partie, sa situation et ses mouvements devant nécessairement exercer une influence prépondérante sur tous les
phénomènes qui s'y passent ? Que deviendraient nos conceptions physiques, et par suite chimiques, physiologiques, etc.,
sans la notion fondamentale de la gravitation, qui les domine
toutes ? » (*Ibid.*)

1. Le mot « leur » désigne ces phénomènes de la physique terrestre.

modifient les premiers. Il s'ensuit que, lorsqu'on analyse le phénomène terrestre le plus simple, non seulement en prenant un phénomène chimique, mais en
choisissant même un phénomène purement mécanique,
on le trouve constamment plus composé que le phénomène céleste le plus compliqué. C'est ainsi, par
exemple, que le simple mouvement d'un corps pesant,
même quand il ne s'agit que d'un solide, présente
réellement, lorsqu'on veut tenir compte de toutes les
circonstances déterminantes, un sujet de recherches
plus compliqué que la question astronomique la plus
difficile. Une telle considération montre clairement
combien il est indispensable de séparer nettement la
physique céleste et la physique terrestre, et de ne
procéder à l'étude de la seconde qu'après celle de la
première qui en est la base rationnelle [1].

La physique terrestre, à son tour, se sous-divise,
d'après le même principe, en deux portions très distinctes, selon qu'elle envisage les corps sous le point
de vue mécanique, ou sous le point de vue chimique.
D'où la physique proprement dite, et la chimie [2].

1. Entre l'astronomie et la physique proprement dite, la
théorie des marées constitue une transition, puisqu'elle
donne « l'explication céleste d'un grand phénomène terrestre ». (25e leçon.) Le principe de cette explication est
« l'inégale gravitation des diverses parties de l'Océan vers
un quelconque des astres de notre monde, et particulièrement vers le soleil et la lune ».

2. L'objet de la physique est « d'*étudier les lois qui régissent
les propriétés générales des corps, ordinairement envisagés en
masse, et constamment placés dans des circonstances susceptibles de maintenir intacte la composition de leurs molécules,*

Celle-ci, pour être conçue d'une manière vraiment méthodique, suppose évidemment la connaissance préalable de l'autre. Car tous les phénomènes chimiques sont nécessairement plus compliqués que les phénomènes physiques; ils en dépendent sans influer sur eux. Chacun sait, en effet, que toute action chimique est soumise d'abord à l'influence de la pesanteur, de la chaleur, de l'électricité, etc., et présente, en outre, quelque chose de propre qui modifie l'action des agents précédents[1]. Cette considération, qui montre

et même le plus souvent, leur état d'agrégation ». (28e leçon.) Elle a pour but dernier de « *prévoir le plus exactement possible tous les phénomènes que présentera un corps placé dans un ensemble quelconque de circonstances données* ».

La chimie étudie « *les lois des phénomènes de composition et de décomposition, qui résultent de l'action moléculaire et spécifique de diverses substances, naturelles ou artificielles, les unes sur les autres* ». (35e leçon.) Ces deux définitions expriment et résument les différences que Comte établit entre les phénomènes physiques et les phénomènes chimiques (Cf. la note suivante).

1. Autant la distinction entre la science de la nature inorganique, d'une part, et d'autre part, la science astronomique et la biologie, souffre peu de difficultés, autant il est malaisé de fixer ici nettement une limite, que rendent chaque jour moins manifeste les travaux sur les relations entre la physique et la chimie. Comte voit trois caractéristiques, dont chacune ne serait pas suffisante à elle seule, mais dont la réunion nous permet de nous former une conception exacte.

1° Les recherches physiques portent sur des phénomènes communs à tous les corps. Elles ont un caractère de *généralité*. Au contraire, les études chimiques se distinguent par leur *spécialité* (28e leçon). « Les phénomènes chimiques, surtout par contraste aux simples phénomènes physiques, pré-

évidemment la chimie comme ne pouvant marcher
qu'après la physique, la présente en même temps

sentent en chaque cas quelque chose de spécifique, ou, suivant l'énergique expression de Bergman, *d'électif*. Non
seulement, chacun des différents éléments matériels produit
des effets chimiques qui lui sont entièrement particuliers ;
mais il en est encore ainsi de leurs innombrables combinaisons de divers ordres, dont les plus analogues manifestent
toujours, sous le rapport chimique, certaines différences fondamentales, qui fournissent souvent le seul moyen de les
caractériser nettement. Par conséquent, tandis que les propriétés physiques ne présentent essentiellement, d'un corps
à un autre, que de simples distinctions de degré, les propriétés chimiques sont, au contraire, radicalement spéci-
fiques. *Les unes constituent le fondement commun de toute
existence matérielle ; c'est surtout par les autres que les indi-
vidualités se prononcent.* » (35ᵉ leçon.) Tous les corps sont
soumis à la pesanteur et présentent des phénomènes ther-
miques, acoustiques, optiques, électriques. Au contraire, les
propriétés chimiques varient avec les substances.

2° En physique, les phénomènes sont toujours *relatifs aux
masses ;* la chimie étudie des phénomènes *moléculaires*, c'est
pourquoi on appelait autrefois la chimie *physique moléculaire*.
(28ᵉ leçon.) Cependant, il ne faudrait pas prendre cette distinction trop à la rigueur ; on la verrait rapidement s'éva-
nouir si on voulait l'appliquer toujours. Ce qui demeure
caractéristique de la chimie, c'est « *la nécessité du contact
immédiat des particules antagonistes, et par suite celle de
l'état fluide*, soit gazeux, soit liquide, de l'une au moins des
substances considérées. Quand cette disposition n'existe pas
spontanément, il faut d'abord la remplir artificiellement en
liquéfiant la substance, soit par la fusion ignée, soit à l'aide
d'un dissolvant quelconque... C'est lorsque l'une et l'autre
substances sont liquides que l'action chimique se manifeste
avec le plus d'énergie, si la légère différence des densités

comme une science distincte[1]. Car, quelque opinion qu'on adopte relativement aux affinités chimiques, et

permet aisément un mélange intime. Rien n'est plus propre que de telles remarques à constater clairement combien les effets chimiques sont, par leur nature, éminemment moléculaires, surtout par opposition aux effets physiques.» (36e leçon.)

3° Les modifications physiques sont *superficielles* et *transitoires*, les changements chimiques *profonds* et *durables*. La chimie étudie des *altérations moléculaires*. C'est la distinction à laquelle Comte attache le plus d'importance : « La plupart des agents considérés en physique sont sans doute susceptibles, quand leur influence est très énergique ou très prolongée, d'opérer à eux seuls des compositions et décompositions parfaitement identiques avec celles que détermine l'action chimique proprement dite ; et c'est là d'où résulte directement la liaison si naturelle entre la physique et la chimie. Mais, à ce degré d'action, ils sortent, en effet, du domaine de la première science, pour entrer dans celui de la seconde. » (28e leçon.)

Tous les phénomènes chimiques « présentent constamment une altération plus ou moins complète, mais toujours appréciable, dans la constitution intime des corps considérés... Les seules perturbations moléculaires que puisse produire dans les corps l'activité physique proprement dite, se réduisent toujours à modifier l'arrangement des particules ; et ces modifications, ordinairement peu étendues, sont même le plus souvent passagères : *en aucun cas la substance ne saurait être altérée*. Au contraire, l'activité chimique, outre ces altérations dans la structure et dans l'état d'agrégation, *détermine toujours un changement profond et durable dans la composition même des particules* : les corps qui ont concouru au phénomène sont habituellement devenus méconnaissables, tant l'ensemble de leurs propriétés a été troublé. » (35e leçon.)

1. Chaque fois qu'une catégorie de phénomènes comparée à une autre comporte pour ainsi dire *un degré de complexité*

quand même on ne verrait en elles, ainsi qu'on peut
le concevoir, que des modifications de la gravitation
générale produite par la figure et par la disposition
mutuelle des atomes, il demeurerait incontestable que
la nécessité d'avoir continuellement égard à ces conditions spéciales ne permettrait point de traiter la
chimie comme un simple appendice de la physique [1]. On

supérieure, il y a lieu de distinguer, pour cette classe de faits,
une science fondamentale. Or, les phénomèmes chimiques,
sont moins généraux et plus complexes que les faits physiques,
« car les effets chimiques exigent un concours de conditions
variées beaucoup plus étendu ». Les phénomènes physiques
appartiennent, nous l'avons vu, à toutes les substances, dans
n'importe quel état. «Chaque corps ne manifeste au contraire
ses propriétés chimiques que dans un état plus ou moins
déterminé, et souvent tellement restreint, qu'il a fallu de
longues séries d'essais laborieux pour parvenir à le réaliser.
En un mot, la nature nous offre très fréquemment des effets
physiques qui ne sont accompagnés d'aucun effet chimique,
tandis que nul phénomène chimique ne saurait avoir lieu
sans la coexistence de certains phénomènes physiques...
Le sujet de la chimie se complique nécessairement toujours
de celui de la physique. » (35ᵉ leçon.)

1. Comte fonde cette nécessité de faire de la chimie une
science spéciale, d'abord sur la troisième caractéristique
indiquée plus haut, puis surtout sur une conception vraiment
positive du but de la chimie.

1° « Quand même tous les phénomènes chimiques seraient
un jour positivement analysés comme dus à des actions purement physiques, ce qui sera peut-être le résultat général des
travaux de la génération scientifique actuelle, notre distinction fondamentale entre la physique et la chimie ne saurait
en être effectivement ébranlée. Car, il resterait nécessairement vrai que, dans un fait justement qualifié de *chimique*,

serait donc obligé, dans tous les cas, ne fût-ce que pour
la facilité de l'étude, de maintenir la division et l'enchaînement que l'on regarde aujour d'hui comme tenant
à l'hétérogénéité des phénomènes.

Telle est donc la distribution rationnelle des prin-

il y a toujours quelque chose de plus que dans un fait simplement physique ; savoir, l'altération caractéristique qu'éprouve
la composition moléculaire des corps, et, par suite, l'ensemble
de leurs propriétés. Une telle distinction est donc naturellement à l'abri de toute révolution scientifique. » (28ᵉ leçon.)

2ᵒ Toute science doit aboutir à la prévision. L'objet final
de la chimie peut se formuler ainsi : « *étant données les propriétés de tous les corps simples, trouver celles de tous les composés qu'ils peuvent former.* » (35ᵉ leçon.)

La chimie est encore loin d'en arriver là. Mais cette définition idéale lui assigne un domaine distinct et une méthode
propre : elle fait porter la science sur des phénomènes qu'on
ne saurait confondre avec les précédents. «Toutes les données
fondamentales de la chimie devraient, en dernier lieu, pouvoir se réduire à la connaissance des propriétés essentielles
des seuls corps simples, qui conduiraient à celle des divers
principes immédiats, et, par suite, aux combinaisons les plus
complexes et les plus éloignées. Quant à l'étude même des
éléments, elle ne saurait évidemment, par sa nature, être
ramenée à aucune autre ; elle doit nécessairement constituer
une élaboration expérimentale et directe, divisée en autant
de parties, entièrement distinctes et radicalement indépendantes les unes des autres, qu'il existe, à chaque époque, de
substances indécomposées. Tout ce qu'on pourrait à cet égard
concevoir de vraiment rationnel, abstraction faite des inductions analogiques plus ou moins plausibles auxquelles
peuvent conduire certains rapprochements déjà constatés,
consisterait à découvrir *des relations générales entre les propriétés chimiques de chaque élément et l'ensemble de ses propriétés physiques.* Mais, quoique quelques faits paraissent con-

cipales branches de la science générale des corps bruts.
Une division analogue s'établit, de la même manière,
dans la science générale des corps organisés.

IX. — Tous les êtres vivants présentent deux ordres
de phénomènes essentiellement distincts, ceux relatifs
à l'individu, et ceux qui concernent l'espèce, surtout
quand elle est sociable. C'est principalement par rapport à l'homme que cette distinction est fondamentale.
Le dernier ordre de phénomènes est évidemment plus
compliqué et plus particulier que le premier; il en
dépend sans influer sur lui. De là, deux grandes sections dans la *physique organique :* la physiologie proprement dite[1] et la physique sociale, qui est fondée
sur la première.

firmer déjà le principe, d'ailleurs éminemment philosophique,
d'une certaine harmonie générale et nécessaire entre ces
deux ordres de propriétés, on peut, ce me semble, affirmer
que, *à aucune époque, cette harmonie ne saurait être assez
explicitement dévoilée pour suppléer l'exploration immédiate
des caractères chimiques de chaque élément.* » (*Ibid.*)

1. Nous avons vu plus haut (p. 144, n. 1) en quoi consistait
la distinction entre la science des corps bruts et celle des
corps vivants. Il nous faut maintenant déterminer l'objet de
la physiologie.

L'idée de vie suppose la corrélation de deux éléments : un
organisme et un *milieu.* Or, nous savons que toute science
cherche les lois de liaison entre les conditions *statiques* et les
changements *dynamiques.* Le problème biologique consistera
donc à « lier constamment la double idée d'*organe* et de
milieu avec l'idée de *fonction* ». (40ᵉ leçon.) En d'autres
termes, la biologie rattache scientifiquement le point de vue
anatomique au point de vue physiologique et se propose,
étant donné l'organe ou la modification organique, de trouver

Dans tous les phénomènes sociaux, on observe
d'abord l'influence des lois physiologiques de l'individu,
et, en outre, quelque chose de particulier qui en modifie les effets, et qui tient à l'action des individus les
uns sur les autres, singulièrement compliquée, dans
l'espèce humaine, par l'action de chaque génération

la fonction ou l'acte et réciproquement. Cette définition
montre quelle sorte de prévision rationnelle la science de la
vie doit tendre à réaliser.

Notons, avec M. Lévy-Bruhl, que la biologie marque une
sorte d'inversion de la méthode positive : dans les sciences
du monde inorganique (astronomie, physique et chimie),
notre esprit procède du simple au composé, parce que le
simple nous est plus connu que le composé. Au contraire,
lorsqu'il s'agit des phénomènes de la vie, ce qui nous est le
mieux connu, ce qui est donné immédiatement, c'est l'organisme supérieur, le nôtre. La méthode sera donc *synthétique*, en ce sens qu'elle subordonnera les analyses à l'idée
synthétique du concensus vitai, dont le type nous est fourni
par l'organisme humain.

On vient de voir que Comte emploie le mot de *physiologie*
comme synonyme de *biologie*. Cela tient à ce que, d'après
lui, et en vertu de l'intime solidarité qu'il établit toujours
entre les études statiques et les recherches dynamiques, les
lois concernant les fonctions ne peuvent être déterminées en
dehors de la connaissance des structures : « Ni sous le point
de vue dogmatique, ni sous l'aspect historique, je ne recon-
nais de motifs suffisants pour maintenir la séparation ordinaire entre ces deux faces, rationnellement inséparables à
mes yeux, d'un problème unique. D'une part en effet, s'il ne
peut évidemment exister de saine physiologie isolée de l'anatomie, n'est-il pas réciproquement tout aussi certain que,
sans la physiologie, l'anatomie n'aurait aucun vrai caractère
scientifique, et serait même le plus souvent inintelligible ?

sur celle qui la suit. Il est donc évident que, pour étudier convenablement les phénomènes sociaux, il faut
d'abord partir d'une connaissance approfondie des lois
relatives à la vie individuelle. D'un autre côté, cette
subordination nécessaire entre les deux études ne pres-

Les considérations d'usage éclairent autant celles de structure qu'elles en sont éclairées. En second lieu, l'origine historique de cette vicieuse séparation me semble démontrer
clairement qu'elle n'est qu'un résultat passager de l'enfance
de la science biologique. C'est d'ailleurs par les seules considérations anatomiques, comme plus simples et plus faciles,
que cette vaine philosophie (la philosophie théologico-métaphysique) a été à cet égard discréditée, et que la positivité a
commencé à s'introduire en biologie ; en sorte qu'une *telle
distinction n'avait réellement d'autre office primitif que de
séparer nettement entre elles la partie positive et la partie
métaphysique de l'étude des corps vivants.* » (40e leçon.)
    La biologie statique se subdivise en *biotomie* et *biotaxie*.
La biotomie étudie isolément la structure et la composition
de chaque organisme particulier ; la biotaxie construit « la
grande hiérarchie biologique qui résulte de la comparaison
rationnelle de tous les organismes connus ». La biologie
dynamique, ou *bionomie,* est subordonnée à la biotaxie par ce
qu'avant d'étudier les phénomènes que présente un organisme en fonctionnement, il faut connaître la place qu'il
occupe dans la série rationnelle des êtres vivants. On se
rappelle, en effet, que cette hiérarchie reproduit l'ordre de
complication croissante d'un type fondamental de structure.
Le principe de la subdivision est donc le même que celui de
la division générale. Comme les différentes sciences se dis-
tribuent selon leur dépendance et leur complexité, ainsi les
parties de chaque science se subordonnent les unes aux
autres, et l'étude de chacune d'entre elles suppose la connaissance des précédentes.

crit nullement, comme quelques physiologistes du premier ordre ont été portés à le croire, de voir dans la
physique sociale un simple appendice de la physiologie [1]. Quoique les phénomènes soient certainement

1. Comte attribue une importance capitale à la détermination de la place que doit occuper la sociologie dans la
série hiérarchique des sciences. C'est, pense-t-il, parce que
jamais encore cette place n'avait été convenablement appréciée que la physique sociale n'a pu être fondée.

Les phénomènes sociaux, comparés aux autres faits naturels, présentent une *complication supérieure*, une *spécialité
plus complète*, une *personnalité plus directe*. La *philosophie
inorganique* fait connaître les *conditions extérieures* auxquelles
est soumise l'existence de l'humanité. Les *lois de la nature
humaine* sont révélées par la *philosophie organique*.

Tout le monde est d'accord pour affirmer la nécessité d'une
subordination de la science sociale à la biologie. Mais les savants ne mettent pas ici la pratique en harmonie avec la doctrine, et cela s'explique partiellement, eu égard à l'imparfaite
positivité que présente la science des corps vivants, surtout
au sujet des fonctions intellectuelles et morales. (Cf p. 60, n. 2.)

1° La biologie doit analyser la sociabilité humaine et
déterminer les conditions organiques ; 2° Elle permet de *suppléer par déduction à l'exploration directe*, impossible dans certains cas. En effet, lorsqu'il s'agit d'états sociaux élémentaires,
et non donnés, le savant doit les construire, en tenant compte
des circonstances connues, et en appliquant *la théorie positive
de la nature humaine* ; 3° La biologie fournit à la sociologie des
moyens de *vérification* et de *contrôle*, ainsi que d'indispensables
indications. Aucune doctrine concernant l'évolution de l'humanité, aucune induction historique ne sont admissibles si elles
ne cadrent pas avec ce que la physiologie phrénologique
enseigne sur l'âme de l'homme « puisque les conditions
intellectuelles et morales de l'existence humaine, quoique
plus difficiles à apprécier, et par suite beaucoup moins

homogènes, ils ne sont point identiques, et la séparation des deux sciences est d'une importance vraiment
fondamentale. Car il serait impossible de traiter l'étude
collective de l'espèce comme une pure déduction de
l'étude de l'individu, puisque les conditions sociales,
qui modifient l'action des lois physiologiques, sont précisément alors la considération la plus essentielle.
Ainsi, la physique sociale doit être fondée sur un corps
d'observations directes qui lui soit propre, tout en ayant
égard, comme il convient, à son intime relation nécessaire avec la physiologie proprement dite.

connues jusqu'ici que ses conditions matérielles ne sont certainement, au fond, ni moins réelles ni moins impérieuses ».
(49ᵉ leçon.)

Toutefois, dans ce cas comme dans celui de toutes les
sciences qui précèdent, s'il y a dépendance et subordination,
il n'y a nullement absorption et réductibilité. Cabanis et Gall
lui-même se font des illusions irrationnelles quand ils
essayent de ramener les lois des sociétés humaines aux lois
de l'homme individuel. Le développement de l'humanité
ne peut pas être *déduit;* il faut l'*observer* au moyen des procédés immédiats et spéciaux.

Le phénomène essentiel en sociologie, c'est la solidarité
des générations; l'étude d'un pareil fait exige l'analyse historique. La déduction n'est possible que dans des cas très simples
et pour les débuts des groupements humains. Sitôt que les
phénomènes se compliquent, c'est-à-dire, sitôt que, sur
les faits d'une époque, s'exerce « l'influence successive et
croissante des générations antérieures », une méthode expressément adoptée à ce nouvel objet devient nécessaire. Pour
avoir méconnu cette nécessité d'une méthode appropriée, Gall
conclut faussement à la durée des tendances militaires, alors
que l'analyse historique lui eût montré partout l'esprit guer-
rier en décroissance et la civilisation industrielle en progrès.

On pourrait aisément établir une symétrie parfaite
entre la division de la physique organique et celle
ci-dessus exposée pour la physique inorganique, en
rappelant la distinction vulgaire de la physiologie proprement dite, en végétale et animale. Il serait facile,
en effet, de rattacher cette sous-division au principe
de classification que nous avons constamment suivi,
puisque les phénomènes de la vie animale se présentent, en général du moins, comme plus compliqués et
plus spéciaux que ceux de la vie végétale¹. Mais la

1. Comte indique dans la 43ᵉ leçon, qu'il a emprunté à
Bichat cette distinction entre « la vie organique ou végétative, fondement commun de l'existence de tous les êtres
vivants, et la vie animale proprement dite, particulière aux
seuls animaux, et dont les principaux caractères ne sont
même très nettement prononcés que dans la partie supérieure de l'échelle zoologique ». Certaines propriétés très
générales appartiennent à tous les tissus, d'autres, spéciales,
caractérisent les tissus musculaires et nerveux. « Tous les
phénomènes généraux de la vie animale sont aujourd'hui assez
unanimement rattachés à l'irritabilité et à la sensibilité, considérées chacune comme l'attribut caractéristique d'un tissu
nettement défini. » La science n'est pas aussi avancée en ce
qui concerne les propriétés caractéristiques de la vie végétative. M. de Blainville définit ce mode d'existence commun
à tous les êtres organisés par « l'hygrométricité, la capillarité
et la rétractilité, attributs caractéristiques du tissu primor-
dial ». Mais les deux premières qualités sont du domaine de
la chimie plutôt que de la physiologie. Mieux vaudrait définir
la vie végétative par deux fonctions fondamentales dont l'antagonisme continu correspond à la définition même de la vie :
1° *l'absorption* intérieure des matériaux nutritifs, puisés
dans le système ambiant, d'où résulte inévitablement, d'après
leur assimilation graduelle, la nutrition finale ; 2° *l'exhala-*

recherche de cette symétrie précise aurait quelque
chose de puéril, si elle entraînait à méconnaître ou à
exagérer les analogies réelles ou les différences effectives des phénomènes. Or, il est certain que la distinction entre la physiologie végétale et la physiologie animale, qui a une grande importance dans ce que j'ai
appelé la *physique concrète*, n'en a presque aucune
dans la *physique abstraite*, la seule dont il s'agisse
ici. La connaissance des lois générales de la vie, qui
doit être, à nos yeux, le véritable objet de la physiologie, exige la considération simultanée de toute la
série organique sans distinction de végétaux et d'animaux, distinction qui, d'ailleurs, s'efface de jour en

tion à l'extérieur des molécules, dès lors étrangères, qui se
désassimilent nécessairement, à mesure que cette nutrition
s'accomplit. « On ne peut éliminer d'une conception complète de la vie végétative aucune de ces deux activités. »
« Dans aucun organisme, en effet, les matières assimilables
ne peuvent être directement incorporées, ni au lieu même
où s'est opérée leur absorption, ni sous leur forme primitive : leur assimilation réelle exige toujours un certain
déplacement et une préparation quelconque qui s'accomplit
pendant ce trajet. Il en est de même, en sens inverse, pour
l'exhalation, qui suppose constamment que les particules,
devenues étrangères à une portion quelconque de l'organisme, ont été finalement exhalées en un autre point, après
avoir éprouvé, dans ce transport nécessaire, d'indispensables
modifications. »
L'étude des phénomènes végétatifs est étroitement liée à
celle de la physico-chimie. Un tout autre esprit doit dominer
la théorie rationnelle de la vie animale. L'irritabilité et la
sensibilité sont des faits irréductibles, des propriétés primor-
diales des tissus animaux.

jour, à mesure que les phénomènes sont étudiés d'une manière plus approfondie.

Nous persisterons donc à ne considérer qu'une seule division dans la physique organique, quoique nous ayons cru devoir en établir deux successives dans la physique inorganique.

X. — En résultat de cette discussion, la philosophie positive se trouve donc naturellement partagée en cinq sciences fondamentales, dont la succession est déterminée par une subordination nécessaire et invariable, fondée, indépendamment de toute opinion hypothétique, sur la simple comparaison approfondie des phénomènes correspondants : ce sont l'astronomie, la physique, la chimie, la physiologie, et enfin la physique sociale [1]. La première considère les phénomènes les

1. Le tableau suivant résume cette classification des sciences, en y faisant figurer des subdivisions indiquées par Comte, et la mathématique dont il sera question plus loin.

Mathématiques	Mathématique *abstraite* ou *calcul*		Algèbre. Arithmétique.
	Mathématique *concrète*		Géométrie générale. Mécanique rationnelle.
Physique *inorganique*	Physique *céleste*		Astronomie *géométrique*. Astronomie *mécanique*.
	Physique *terrestre*		*Physique* proprement dite. *Chimie*.
Physique *organique*	Physiologie	Statique	Biotomie. Biotaxie.
		Dynamique ou *bionomie*.	
	Physique sociale		Statique. Dynamique.

plus généraux, les plus simples, les plus abstraits et
les plus éloignés de l'humanité ; ils influent sur tous
les autres, sans être influencés par eux. Les phénomènes considérés par la dernière sont, au contraire, les
plus particuliers, les plus compliqués, les plus concrets
et les plus directement intéressants pour l'homme ; ils
dépendent, plus ou moins, de tous les précédents, sans
exercer sur eux aucune influence. Entre ces deux
extrêmes, les degrés de spécialité, de complication et
de personnalité des phénomènes vont graduellement
en augmentant, ainsi que leur dépendance successive.
Telle est l'intime relation générale que la véritable
observation philosophique convenablement employée,
et non de vaines distinctions arbitraires, nous conduit
à établir entre les diverses sciences fondamentales.
Tel doit donc être le plan de ce cours.

Je n'ai pu ici qu'esquisser l'exposition des considérations principales sur lesquelles repose cette classification. Pour la concevoir complètement, il faudrait
maintenant, après l'avoir envisagée d'un point de vue
général, l'examiner relativement à chaque science fondamentale en particulier. C'est ce que nous ferons soigneusement en commençant l'étude spéciale de chaque
partie de ce cours. La construction de cette échelle
encyclopédique, reprise ainsi successivement en partant de chacune des cinq grandes sciences, lui fera
acquérir plus d'exactitude, et surtout mettra pleinement en évidence sa solidité. Ces avantages seront
d'autant plus sensibles que nous verrons alors la distribution intérieure de chaque science s'établir naturellement d'après le même principe, ce qui présentera

tout le système des connaissances humaines décomposé, jusque dans ses détails secondaires, d'après une considération unique constamment suivie, celle du degré d'abstraction plus ou moins grand des conceptions correspondantes. Mais des travaux de ce genre, outre qu'ils nous entraîneraient maintenant beaucoup trop loin, seraient certainement déplacés dans cette leçon, où notre esprit doit se maintenir au point de vue le plus général de la philosophie positive.

XI. — Néanmoins, pour faire apprécier aussi complètement que possible, dès ce moment, l'importance de cette hiérarchie fondamentale, dont je ferai, dans toute la suite de ce cours, des applications continuelles, je dois signaler rapidement ici ses propriétés générales les plus essentielles.

Il faut d'abord remarquer, comme une vérification très décisive de l'exactitude de cette classification, sa conformité essentielle avec la coordination, en quelque sorte spontanée, qui se trouve en effet implicitement admise par les savants livrés à l'étude des diverses branches de la philosophie naturelle.

C'est une condition ordinairement fort négligée par les constructeurs d'échelles encyclopédiques, que de présenter comme distinctes les sciences que la marche effective de l'esprit humain a conduit, sans dessein prémédité, à cultiver séparément, et d'établir entre elles une subordination conforme aux relations positives que manifeste leur développement journalier. Un tel accord est néanmoins évidemment le plus sûr indice d'une bonne classification ; car les divisions qui se sont introduites spontanément dans le système scientifique

n'ont pu être déterminées que par le sentiment longtemps
éprouvé des véritables besoins de l'esprit humain, sans
qu'on ait pu être égaré par des généralités vicieuses.

Mais, quoique la classification ci-dessus proposée
remplisse entièrement cette condition, ce qu'il serait
superflu dè prouver, il n'en faudrait pas conclure que
les habitudes généralement établies aujourd'hui par
expérience chez les savants rendraient inutile le travail
encyclopédique que nous venons d'exécuter. Elles ont
seulement rendu possible une telle opération, qui présente la différence fondamentale d'une conception
rationnelle à une classification purement empirique. Il
s'en faut d'ailleurs que cette classification soit ordinairement conçue et surtout suivie avec toute la précision nécessaire, et que son importance soit convenablement appréciée; il suffirait, pour s'en convaincre, de
considérer les graves infractions qui sont commises
tous les jours contre cette loi encyclopédique, au grand
préjudice de l'esprit humain.

Un second caractère très essentiel de notre classification, c'est d'être nécessairement conforme à l'ordre
effectif du développement de la philosophie naturelle.
C'est ce que vérifie tout ce qu'on sait de l'histoire
des sciences, particulièrement dans les deux derniers
siècles, où nous pouvons suivre leur marche avec plus
d'exactitude.

On conçoit, en effet, que l'étude rationnelle de chaque
science fondamentale, exigeant la culture préalable de
toutes celles qui la précèdent dans notre hiérarchie
encyclopédique, n'a pu faire de progrès réels et prendre son véritable caractère, qu'après un grand déve-

loppement des sciences antérieures relatives à des phénomènes plus généraux, plus abstraits, moins compliqués, et indépendants des autres. C'est donc dans cet ordre que la progression, quoique simultanée, a dû avoir lieu.

Cette considération me semble d'une telle importance que je ne crois pas possible de comprendre réellement, sans y avoir égard, l'histoire de l'esprit humain. La loi générale qui domine toute cette histoire, et que j'ai exposée dans la leçon précédente[1], ne peut être

---

1. La loi des trois états. La classification des sciences, telle que Comte vient de l'établir, est donc disposée non seulement *dans l'ordre rationnel de la généralité décroissante*, mais aussi dans *l'ordre historique de la positivité décroissante*, c'est-à-dire qu'en examinant le tableau donné par la note précédente, on peut voir immédiatement, d'après la place qu'y occupe une science, à quel état relatif de positivité elle est parvenue.

Pour ne point parler des mathématiques, qui sont *la science* par excellence, et à qui la simplicité des phénomènes dont elles s'occupent a permis d'atteindre très tôt la phase positive, vérifions cette assertion en ce qui concerne la physique inorganique et organique.

L'astronomie est « la seule branche de la philosophie naturelle dans laquelle l'esprit humain se soit enfin rigoureusement affranchi de toute influence théologique et métaphysique ». (19ᵉ leçon.) Cela tient, nous le savons, à l'extrême simplicité des phénomènes à étudier et à la grande difficulté de leur observation. Toutes les questions astronomiques sont des problèmes de mathématique. L'état de la physique est beaucoup moins satisfaisant, « soit sous le point de vue spéculatif, quant à la pureté et à la coordination de ses théories ; soit sous le point de vue pratique, quant

convenablement entendue, si on ne la combine point
dans l'application avec la formule encyclopédique que
nous venons d'établir. Car, c'est suivant l'ordre énoncé
par cette formule que les différentes théories humaines

à l'étendue et à l'exactitude des prévisions qui en résultent. »
(28ᵉ leçon.)

Les hypothèses sur l'éther universel chargé d'expliquer la
chaleur, la lumière, l'électricité, la pesanteur sont imputables
à l'esprit métaphysique. C'est que les phénomènes envisagés
présentent une complication beaucoup plus grande; il ne
s'agit plus uniquement, comme en astronomie, de formes et
de mouvements. Aussi les branches de la physique sont-elles
isolées les unes des autres. « Chacune à part n'établit qu'une
liaison souvent faible et équivoque entre ses principaux phénomènes; de même, la prévision rationnelle et précise de
l'ensemble des événements célestes à une époque quelconque,
d'après un très petit nombre d'observations directes, sera
remplacée ici par une prévoyance à courte portée, qui, pour
ne pas être incertaine, peut à peine perdre de vue l'expérience immédiate. » (28ᵉ leçon.)

La chimie devait arriver plus tard et plus difficilement
que la physique à l'état positif : « Le véritable esprit fondamental de toute philosophie théologique ou métaphysique
consistant essentiellement à concevoir tous les phénomènes
quelconques comme analogues à celui de la vie, le seul connu
par un sentiment immédiat, on s'explique aisément pourquoi
cette manière primitive de philosopher a dû exercer, sur
l'étude des phénomènes chimiques, une plus intense et plus
opiniâtre domination qu'envers aucune autre classe de phénomènes inorganiques. » (35ᵉ leçon.) En outre, la première exploration des faits y est particulièrement difficile, parce que
« l'observation directe et spontanée ne peut d'abord s'appliquer
qu'à des phénomènes extrêmement compliqués, comme les
combustions végétales, les fermentations, etc., dont l'analyse
exacte constitue presque le dernier terme de la science ».

ont atteint successivement, d'abord l'état théologique,
ensuite l'état métaphysique, et enfin l'état positif. Si
l'on ne tient pas compte dans l'usage de la loi de cette
progression nécessaire, on rencontrera souvent des

(*Ibid.*) Aussi « la chimie actuelle mérite à peine le nom d'une
véritable science, puisqu'elle ne conduit jamais à une prévoyance réelle et certaine. En introduisant, dans des actes chimiques, déjà bien explorés, quelques modifications déterminées, même légères et peu nombreuses, il est très rarement
possible de prédire avec justesse les changements qu'elles
doivent produire ; et néanmoins sans cette indispensable
condition, il n'existe point à proprement parler de *science* :
il y a seulement érudition. » La doctrine des *affinités* est
« d'une nature encore plus ontologique que celle des fluides
et des éthers imaginaires. — Les affinités vulgaires ne sont-
elles pas, au fond, des entités complètement pures, aussi
vagues et indéterminées que celles de la philosophie scolastique du moyen âge? Les prétendues solutions qu'on a cou-
tume de décrire présentent évidemment le caractère essentiel des explications métaphysiques, la simple et naïve
reproduction, en termes abstraits, de l'énoncé même du
problème. » (*Ibid.*) Cette imperfection de *méthode* explique
l'imperfection de *doctrine*. « Les faits chimiques sont, aujourd'hui, essentiellement incohérents, ou, du moins, faible-
ment coordonnés par un petit nombre de relations partielles
et insuffisantes. Quant à la prévision, véritable mesure de la
perfection de chaque science naturelle, il est trop évident
que, si déjà elle est bien plus bornée, plus incertaine et moins
précise en physique qu'en astronomie, les théories chimiques
actuelles y atteignent beaucoup plus imparfaitement encore :
le plus souvent même, l'issue de chaque événement chimique
ne peut être connue qu'en consultant, d'une manière spéciale, l'expérience immédiate, et, pour ainsi dire, quand
l'événement est accompli. » (*Ibid.*)

difficultés qui paraîtront insurmontables, car il est clair que l'état théologique ou métaphysique de certaines théories fondamentales a dû temporairement coïncider, et a quelquefois coïncidé en effet avec l'état

La science des phénomènes vitaux est, moins encore que la chimie, dégagée de l'influence théologico-métaphysique. C'est seulement à une époque presque contemporaine que l'on s'est mis à regarder ces faits comme assujettis à des lois générales : « La prétendue indépendance des corps vivants envers les lois générales, si hautement proclamée encore au commencement de ce siècle, par le grand Bichat lui-même, n'est plus désormais directement soutenue, en principe, que par les seuls métaphysiciens. Néanmoins, le sentiment naissant du vrai point de vue spéculatif sous lequel la vie doit être étudiée est jusqu'ici assez peu énergique pour n'avoir pu déterminer réellement aucun changement radical dans l'ancien système de culture de la science biologique. » (40e leçon.) On demande encore trop souvent à la biologie « ces notions absolues et radicalement inaccessibles auxquelles, depuis longtemps, l'esprit humain a eu la sagesse de renoncer envers les phénomènes moins compliqués ». Par exemple, on se pose des questions sur les *causes premières* et le *mode essentiel de production* des faits vitaux. On adresse à la physiologie le reproche irrationnel « de ne rien nous apprendre sur l'essence intime de la vie, du sentiment et de la pensée ». Il faudrait résolument subordonner la philosophie organique à la philosophie inorganique et ne se proposer que l'étude des lois vitales, en définissant la vie d'une manière positive. « L'opposition spontanée de ce genre de recherches à toute conception théologique ou métaphysique doit être, aujourd'hui, particulièrement remarquée à l'égard des théories relatives aux phénomènes intellectuels et affectifs, dont la positivité est si récente, et qui sont enfin les seuls, avec les phénomènes sociaux qui en dérivent, au sujet desquels la lutte demeure encore engagée

positif de celles qui leur sont antérieures dans notre
système encyclopédique, ce qui tend à jeter sur la
vérification de la loi générale une obscurité qu'on ne
peut dissiper que par la classification précédente.

pour le vulgaire des esprits, entre la philosophie positive et
l'ancienne philosophie. » Néanmoins, même si l'on se conforme aux indications de Comte, et si l'on utilise tous les
procédés méthodologiques auxquels on peut avoir recours en
biologie, il n'y a pas lieu d'espérer que cette science puisse
jamais devenir exactement comparable à celles qui la précèdent : « Il ne faut pas croire que sa plus grande imperfection relative tienne principalement aujourd'hui à son passage
beaucoup plus récent à l'état positif. Elle est surtout la conséquence inévitable et permanente de la complication très
supérieure de ses phénomènes. Quelque importants progrès
qu'on doive y espérer prochainement du développement plus
complet et du concours plus rationnel de tous les moyens
divers qui lui sont propres, cette étude restera nécessairement toujours inférieure aux différentes branches fondamentales de la philosophie inorganique, sans en excepter la
chimie elle-même, soit pour la coordination systématique de
ses phénomènes, soit pour leur prévision scientifique. »
(*Ibid.*)

L'étude des phénomènes sociaux n'est pas encore sortie de
l'état théologico-métaphysique. (46ᵉ leçon.) « Le degré supérieur de complication, de spécialité, et en même temps
d'intérêt, qui caractérise nécessairement les phénomènes
sociaux, comparés à tous les autres phénomènes naturels, à ceux mêmes de la vie individuelle, constitue la
cause la plus fondamentale de l'imperfection beaucoup
plus prononcée que doit présenter leur étude, où l'esprit
positif ne pouvait évidemment avoir aucun accès rationnel
sans avoir préalablement commencé à dominer l'étude de
tous les phénomènes plus simples; ce qui n'a été convenablement accompli que de nos jours, en vertu de l'importante

En troisième lieu, cette classification présente la
propriété très remarquable de marquer exactement la
perfection relative des différentes sciences, laquelle
consiste essentiellement dans le degré de précision des

révolution philosophique qui a donné naissance à la physiologie cérébrale. » (47ᵉ leçon.) En outre, la sociologie rencontre
une difficulté qui lui est propre ; les autres phénomènes
naturels sont constamment accessibles à l'observation, pourvu
que l'observateur ait été bien préparé. Au contraire, les faits
sociaux n'ont pas encore pu constituer à l'expérience une base
suffisante. « La science sociale n'a commencé à devenir possible qu'en s'appuyant précisément sur l'analyse rationnelle
de l'ensemble du développement accompli jusqu'à nos jours
dans l'élite de l'espèce humaine, tout passé moins étendu
devant être insuffisant. » (Ibid.) Il faut donc considérer
le xixᵉ siècle « comme l'époque nécessaire de la formation
définitive de la science sociale ». Il fallait la Révolution
française pour montrer l'impossibilité de maintenir en politique la prépondérance théologico-métaphysique ; et il fallait
aussi le développement successif des diverses sciences positives pour fournir la *notion du progrès*, indispensable à la
constitution de la sociologie.

Dans ces conditions, on comprend que la science politique
reproduise « exactement sous nos yeux l'analogie fondamentale de ce que furent autrefois l'astrologie pour l'astronomie,
l'alchimie pour la chimie, et la recherche de la panacée universelle pour le système des études médicales ». (48ᵉ leçon.)
Les observations sociales, jusqu'ici exécutées, sont vagues et
mal circonscrites. De là vient que l'imagination, au lieu de se
subordonner aux faits, les déforme sous l'influence des passions. Doit-on, pour cela, penser que la politique soit destinée à demeurer entre les mains des sophistes et des rhé-
teurs ? Nullement : « La même imperfection a régné
essentiellement jadis envers tous les autres sujets des
spéculations humaines ; il n'y a ici de vraiment particulier

connaissances, et dans leur coordination plus ou moins intime.

Il est aisé de sentir en effet que plus des phéno-

qu'une intensité plus prononcée, et surtout une inévitable prolongation, naturellement motivée par une complication supérieure, suivant ma théorie fondamentale du développement universel de l'esprit humain ; et par conséquent, la même théorie conduit à regarder, non seulement comme possible, mais comme certaine et prochaine, l'extension nécessaire a l'ensemble des spéculations sociales d'une regeneration philosophique, analogue à celle qu'ont déjà plus ou moins éprouvée toutes nos autres études scientifiques ; à cela près d'une difficulté intellectuelle beaucoup plus grande, et sous les embarras que peut y susciter le contact plus direct des principales passions. » (*Ibid.*)

La sociologie positive *fera passer les notions politiques de l'absolu au relatif*, c'est-à-dire qu'au lieu de prétendre régler les groupements humains d'après un type immuable arbitrairement conçu, elle déterminera les lois selon lesquelles évolue la société. Ainsi s'évanouira l'ambition puérile et chimérique d'exercer sur les phénomènes une action illimitée. Aucune notion stable et commune ne sera possible en politique « tant qu'on continuera à y poursuivre la vaine recherche absolue du meilleur gouvernement, abstraction faite de tout état déterminé de civilisation, ou, ce qui est scientifiquement équivalent, tant que la société humaine y sera conçue comme marchant, sans direction propre, sous l'arbitraire impulsion du législateur. Il n'y a donc réellement désormais, en philosophie politique, d'ordre et d'accord possibles qu'en assujettissant les phénomènes sociaux, de la même manière que tous les autres, à d'invariables lois naturelles, dont l'ensemble circonscrit, pour chaque époque, à l'abri de toute grave incertitude, les limites fondamentales et le caractère essentiel de l'action politique proprement dite. » (48ᵉ leçon.)

mènes sont généraux, simples et abstraits, moins ils
dépendent des autres, et plus les connaissances qui
s'y rapportent peuvent être précises, en même temps
que leur coordination peut être plus complète. Ainsi,
les phénomènes organiques ne comportent qu'une
étude à la fois moins exacte et moins systématique que
les phéncmènes des corps bruts. De même, dans la
physique inorganique, les phénomènes célestes, vu leur
plus grande généralité et leur indépendance de tous les
autres, ont donné lieu à une science bien plus précise
et beaucoup plus liée que celle des phénomènes terrestres.

Cette observation, qui est si frappante dans l'étude
effective des sciences, et qui a souvent donné lieu à
des espérances chimériques ou à d'injustes comparaisons, se trouve donc complètement expliquée par
l'ordre encyclopédique que j'ai établi. J'aurai naturellement occasion de lui donner toute son extension dans
la leçon prochaine, en montrant que la possibilité
d'appliquer à l'étude des divers phénomènes l'analyse
mathématique[1], ce qui est le moyen de procurer à cette

1. C'est dans le passage de la 3ᵉ leçon auquel Comte fait
allusion ici que nous trouvons exprimé le plus nettement, et
motivé le plus fortement, son refus de ramener toutes les
sciences aux mathématiques. N'importe quel problème scientifique peut sans doute se réduire à une question de
nombres et se traiter par le calcul. « Mais la difficulté de la
traiter réellement sous ce point de vue, c'est-à-dire d'effectuer une telle transformation, est d'autant plus grande dans
les diverses parties essentielles de la philosophie naturelle
que l'on considère des phénomènes plus compliqués, en sorte

étude le plus haut degré possible de précision et de coordination, se trouve exactement déterminée par le rang qu'occupent ces phénomènes dans mon échelle encyclopédique.

Je ne dois point passer à une autre considération, sans mettre le lecteur en garde à ce sujet contre une erreur fort grave, et qui, bien que très grossière, est encore extrêmement commune. Elle consiste à confondre le degré de précision que comportent nos différentes connaissances avec leur degré de certitude, d'où que, sauf pour les phénomènes les plus simples et les plus généraux, elle devient bientôt insurmontable. »

Deux conditions sont nécessaires pour que des lois mathématiques puissent être établies : 1° les quantités présentées par les phénomènes que l'on étudie doivent être susceptibles de donner lieu à des *nombres fixes*. Cette condition de la *fixité numérique* s'oppose à ce que l'on applique l'analyse aux phénomènes physiologiques, caractérisés précisément par leur extrême *instabilité* numérique; 2° même si l'on pouvait attribuer une valeur fixe à chaque agent d'un phénomène, la *combinaison d'un trop grand nombre de conditions* rendrait le plus souvent *inaccessible* le problème de la recherche d'une loi mathématique. Ainsi l'extension future de l'analyse mathématique *ne pourra, en aucun cas, dépasser la physique inorganique*. Et, même dans ce domaine restreint, il faut encore faire des réserves : il ne peut entrer dans une équation véritable, susceptible d'être traitée analytiquement, que des fonctions *abstraites*, c'est-à-dire ne comportant comme éléments derniers que des fonctions simples à une seule variable indépendante. Comte en a donné le tableau : en dehors des fonctions *somme*, *différence*, *produit*, *quotient*, *puissance*, *racine*, *exponentielle*, *logarithmique*, *circulaire directe et circulaire inverse*, il est illusoire d'essayer de concevoir une loi mathématique des phénomènes.

résulte le préjugé très dangereux que, le premier étant
évidemment fort inégal, il en doit être ainsi du second.
Aussi parle-t-on souvent encore, quoique moins que
jadis, de l'inégale certitude des diverses sciences, ce
qui tend directement à décourager la culture des
sciences les plus difficiles. Il est clair, néanmoins, que
la précision et la certitude sont deux qualités en elles-
mêmes fort différentes. Une proposition tout à fait
absurde peut être extrêmement précise, comme si l'on
disait, par exemple, que la somme des angles d'un
triangle est égale à trois angles droits ; et une proposition très certaine peut ne comporter qu'une précision
fort médiocre, comme lorsqu'on affirme, par exemple,
que tout homme mourra. Si, d'après l'explication précédente, les diverses sciences doivent nécessairement
présenter une précision très inégale, il n'en est nullement ainsi de leur certitude. Chacune peut offrir des
résultats aussi certains que ceux de toute autre, pourvu
qu'elle sache renfermer ses conclusions dans le degré
de précision que comportent les phénomènes correspondants, condition qui peut n'être pas toujours très facile
à remplir[1]. Dans une science quelconque, tout ce qui

1. Il ne faut pas confondre la *précision*, dont on se fait une
idée mathématique et qui dépend de l'aptitude d'un phénomène à comporter la *mesure numérique*, avec la *certitude*,
laquelle dépend de la positivité et de la *rationalité* d'une
notion. Il existe, pour chaque ordre de phénomènes, une
limite nécessaire de précision que la science sociale doit fixer
en déterminant le rapport de la spéculation à l'action. Par
exemple, remarque Comte, les physiciens ont dû renoncer à
l'usage des thermomètres métalliques qui accusaient avec

est simplement conjectural n'est que plus ou moins
probable, et ce n'est pas là ce qui compose son domaine
essentiel; tout ce qui est positif, c'est-à-dire fondé sur
des faits bien constatés, est certain : il n'y a pas de
distinction à cet égard.

Enfin, la propriété la plus intéressante de notre formule encyclopédique, à cause de l'importance et de la
multiplicité des applications immédiates qu'on en peut
faire, c'est de déterminer directement le véritable plan
général d'une éducation scientifique entièrement rationnelle. C'est ce qui résulte sur le champ de la seule
composition de la formule.

Il est sensible, en effet, qu'avant d'entreprendre
l'étude méthodique de quelqu'une des sciences fondamentales, il faut nécessairement s'être préparé par
l'examen de celles relatives aux phénomènes antérieurs
dans notre échelle encyclopédique, puisque ceux-ci
influent toujours d'une manière prépondérante sur
ceux dont on se propose de connaître les lois. Cette
considération est tellement frappante que, malgré son
extrême importance pratique, je n'ai pas besoin d'insister davantage en ce moment sur un principe qui, plus
tard, se reproduira d'ailleurs inévitablement, par rapport à chaque science fondamentale. Je me bornerai
seulement à faire observer que, s'il est éminemment

une sensibilité excessive certaines oscillations de température, alors qu'il eût mieux valu supposer le mouvement continu ; et le grand vice de la psychologie, c'est de porter
l'analyse élémentaire jusque dans des phénomènes beaucoup
trop complexes pour pouvoir y donner prise.

applicable à l'éducation générale, il l'est aussi particulièrement à l'éducation spéciale des savants.

Ainsi, les physiciens qui n'ont pas d'abord étudié l'astronomie, au moins sous un point de vue général [1] ;

1. « L'ensemble des théories célestes constitue une donnée préliminaire indispensable à l'étude rationnelle de la physique terrestre... la position et les mouvements de notre planète dans le monde dont nous faisons partie, sa figure, sa grandeur, l'équilibre général de sa masse, sont évidemment nécessaires à connaître avant que l'un quelconque des phénomènes physiques qui s'opèrent à sa surface puisse être véritablement compris. Le plus élémentaire d'entre eux, et qui se reproduit dans presque tous les autres, la pesanteur, n'est point susceptible d'être étudié d'une manière approfondie, abstraction faite du phénomène céleste universel dont il ne présente réellement qu'un cas particulier. Enfin... plusieurs phénomènes importants, et surtout celui des marées, établissent naturellement une transition formelle et presque insensible de l'astronomie à la physique. » (28e leçon.)

La subordination de l'étude de la chimie à celle de l'astronomie est presque insensible encore pour la chimie *abstraite*. « Mais quand l'ensemble des progrès de la philosophie naturelle viendra permettre le développement de la chimie *concrète*, c'est-à-dire l'application méthodique du système des connaissances chimiques à l'histoire naturelle du globe, on éprouvera, sans doute, en plus d'une recherche, le besoin de combiner, pour la saine explication des phénomènes, les considérations chimiques et les considérations astronomiques... La géologie actuelle, si informée qu'elle soit, doit nous faire clairement pressentir la manifestation future... d'une telle nécessité qu'un vague instinct avait probablement révélée aux philosophes de l'âge théologique, au milieu de leurs chimériques et pourtant opiniâtres rapprochements

les chimistes qui, avant de s'occuper de leur science propre, n'ont pas étudié préalablement l'astronomie et

entre l'astrologie et l'alchimie. Il est, sans doute, impossible, en principe, de concevoir l'ensemble des grandes opérations intestines de la nature terrestre comme radicalement indépendant des mouvements de notre globe, de l'équilibre général de sa masse, en un mot du système de ses conditions planétaires. » (35e leçon.)

Nous avons vu plus haut (Cf. p. 151, n. 2) quels étaient, au point de vue de la *doctrine*, les relations nécessaires entre la chimie et la physique. Il n'y a pas de combinaison chimique qui ne soit soumise aux lois physiques. On ne saurait donc « concevoir de chimie vraiment scientifique sans lui donner, préalablement, l'ensemble de la physique pour base générale ». (35e leçon.)

Les recherches biologiques doivent se subordonner à la chimie, de la manière la plus directe et la plus complète. Les actes fondamentaux qui constituent la vie sont nécessairement chimiques « puisqu'ils consistent en une suite continue de compositions, et de décompositions plus ou moins profondes ». (40e leçon.) Sans doute la structure anatomique modifie les combinaisons chimiques, et ces modifications peuvent être telles que « lors même que les lois générales de l'action chimique seraient enfin connues avec un degré de perfection qu'il est à peine possible de concevoir aujourd'hui, leur application ne saurait réellement suffire pour déterminer *a priori*, sans une étude directe de l'organisme vivant, l'issue précise de chaque réaction vitale. Mais, malgré cette insuffisance nécessaire, il serait néanmoins absurde de regarder les actes de la vie organique comme soustraits à l'empire général des lois chimiques, en confondant abusivement une simple modification avec une infraction véritable ; c'est donc évidemment à la chimie seule qu'il appartient de fournir le vrai point de départ de toute théorie rationnelle relative à la nutrition, aux sécrétions, et, en un mot, à toutes

ensuite la physique ; les physiologistes qui ne se sont pas
préparés à leurs travaux spéciaux par une étude préli-

les grandes fonctions de la vie végétative, considérée isolément, dont chacune est toujours essentiellement dominée,
dans son ensemble par l'influence des lois chimique. » (*Ibid.*)

Pour ce qui concerne les rapports de doctrines entre la
physique et la physiologie « il est évident, en principe,
qu'aucun phénomène physiologique ne saurait être convenablement analysé sans exiger, par sa nature, l'application
exacte des lois générales propres à une ou plusieurs
branches principales de la physique... Cette application est
d'abord indispensable pour apprécier judicieusement la
vraie constitution du milieu sous l'influence duquel l'organisme accomplit ses phénomènes vitaux, et dont l'analyse
doit être si ordinairement plus complète qu'en aucun autre
cas, puisque les variations de ce milieu les moins importantes en apparence... exercent souvent une réaction très
puissante sur des phénomènes aussi éminemment modi-
fiables. Mais, de plus, les études biologiques dépendent
encore des théories physiques par la considération directe
de l'organisme lui-même, qui, sous quelque aspect qu'on
l'envisage, ne saurait cesser, malgré ses propriétés caractéristiques, d'être constamment soumis à l'ensemble des
diverses lois fondamentales relatives aux phénomènes généraux soit de la pesanteur, soit de la chaleur, ou de l'électricité, etc... On peut remarquer à ce sujet que, *si l'étude de
la vie organique fournit, comme nous venons de le reconnaître, le principal motif de la subordination fondamentale
de la biologie envers la chimie, c'est surtout, au contraire,
par l'étude de la vie animale proprement dite que la biologie
se trouve directement constituée en relation nécessaire avec la
physique.* Cette règle est particulièrement évidente pour la
saine théorie physiologique des sensations les plus spéciales
et les plus élevées, la vision et l'audition, dont une application approfondie de l'optique et de l'acoustique doit néces-

minaire de l'astronomie, de la physique et de la chimie, ont manqué à l'une des conditions fondamentales

sairement établir le point de départ rationnel. Une telle
remarque se vérifie aussi, d'une manière non moins irrécusable, dans la théorie de la phonation, dans l'étude des lois
de la chaleur animale, et dans l'analyse positive des propriétés électriques de l'organisme, qui ne sauraient avoir
aucun vrai caractère scientifique sans l'introduction préalable de branches correspondantes de la physique, convenablement employées. » (*Ibid.*) Cette dernière condition
n'est pas toujours remplie, parce que les physiologistes sont
d'habitude insuffisants physiciens, et acceptent, sans discussion, des doctrines qu'ils devraient être capables d'apprécier.

« En principe philosophique, il me semble évident que si
les sciences les plus générales sont, par leur nature, radicalement indépendantes des moins générales, qui doivent au
contraire reposer préalablement sur elles, il résulte de cette
indépendance même que les savants livrés à la culture des
premières sont essentiellement impropres à diriger d'une
manière convenable leur application fondamentale aux
secondes, dont ils ne sauraient connaître suffisamment les
vraies conditions caractéristiques. Dans toute judicieuse
division du travail, il est clair, en un mot, que *l'usage d'un
instrument quelconque,* matériel ou intellectuel, *ne peut
jamais être rationnellement dirigé par ceux qui l'ont construit, mais par ceux, au contraire, qui doivent l'employer et
qui peuvent seuls, par cela même, en bien comprendre la
vraie destination spéciale...* Les biologistes sont naturellement
seuls compétents pour appliquer avec succès les théories
physiques à la solution rationnelle des problèmes physiologiques. » (*Ibid.*) Par exemple, les hypothèses antiscienti-
fiques des physiciens sur les prétendus fluides électriques,
aveuglément embrassées par les physiologistes, ont eu, en
biologie, pour effet journalier d'introduire des conceptions
vagues et chimériques sur le prétendu fluide nerveux, qui

de leur développement intellectuel. Il en est encore
plus évidemment de même pour les esprits qui veulent

nuisent infiniment au progrès de la physiologie positive.
On peut signaler encore, comme résultant d'une fausse
notion des rapports entre la physique et la biologie, l'erreur
commise par Blainville lorsqu'il prétend établir une « analogie spéciale et complète entre la structure essentielle de
l'œil et celle de l'oreille. Pour se convaincre aisément, en
général, combien de pareilles hypothèses sont, en elles-
mêmes, impropres à fournir d'heureuses applications biologiques, il suffit, ce me semble, de se rappeler avec quelle
confiance naïve les anatomistes du siècle dernier, qui étu-
diaient la structure de l'œil sous l'influence prépondérante
du système de l'émission newtonienne, admiraient l'harmonie
fondamentale de cette structure avec ce mode chimérique de
production de la lumière. » (*Ibid.*)

Il faut enfin que le biologiste connaisse « l'ensemble des
éléments astronomiques qui caractérisent la planète à la
surface de laquelle nous étudions la vie ». L'importance
du point de vue statique est manifeste : « Pour chacune des
conditions essentielles qui lui correspondent, soit quant à la
masse terrestre comparée à la masse solaire, d'où résulte
l'intensité effective de la pesanteur proprement dite, soit
quant à sa forme générale qui règle la direction de cette
force, soit quant à l'équilibre fondamental et aux oscillations
régulières des fluides dont sa surface est couverte en majeure partie, et à l'état desquels l'existence des corps vivants
est étroitement liée, soit même quant à ses dimensions
effectives, qui imposent des limites nécessaires à la multi-
plication indéfinie des races vivantes et surtout de la race
humaine, soit enfin quant à sa distance réelle au centre de
notre monde qui constitue un des éléments indispensables
de sa température propre, la relation avec le mode fondamental d'accomplissement de l'ensemble des **phénomènes**

se livrer à l'étude positive des phénomènes sociaux,

physiologiques ne saurait évidemment être contestée par
aucun esprit philosophique. »

Mais le point de vue dynamique est plus important encore
à envisager. En considérant le mouvement de rotation, « on
conçoit que sa double stabilité fondamentale, soit quant à la
fixité essentielle des pôles autour desquels il s'exécute, soit
quant à l'invariable uniformité de sa vitesse angulaire, constitue directement une des principales conditions générales
strictement indispensables à l'existence des corps vivants,
qui serait par sa nature radicalement incompatible avec cette
profonde et continuelle perturbation des milieux organiques
naturellement correspondante au défaut de ces deux caractères astronomiques. Bichat a très judicieusement remarqué dans sa belle théorie de l'intermittence fondamentale
de la vie animale proprement dite, la subordination naturelle et constante de la période essentielle de cette intermittence avec celle de la rotation diurne de notre planète.
On peut même observer plus généralement que tous les phénomènes périodiques d'un organisme quelconque, à l'état
normal ou à l'état pathologique, se rattachent, d'une manière plus ou moins étroite, à la même considération. »
(*Ibid.*) En outre, dans chaque organisme, la durée de la vie
et celle de ses principales phases dépendent de la vitesse
angulaire propre à la rotation de la planète. « La durée de
la vie doit être d'autant moins prolongée, surtout dans l'organisme animal que les phénomènes vitaux se succèdent
avec plus de rapidité. Or, si la rotation de la terre était supposée s'accélérer notablement, le cours des principaux phénomènes physiologiques ne saurait manquer d'en éprouver
une certaine accélération correspondante d'où résulterait, par
conséquent, une diminution nécessaire de la durée de la vie. »

Si l'on considère le mouvement annuel de la terre autour
du soleil, on voit que la vie est liée à la forme de l'orbite terrestre : « Si l'ellipse terrestre, au lieu d'être à peu près cir-

sans avoir d'abord acquis une connaissance générale

culaire, était supposée aussi excentrique que celle des comètes proprement dites, les milieux organiques, et l'organisme lui-même, en admettant son existence, éprouveraient, à des époques plus éloignées, des variations presque indéfinies, qui dépasseraient extrêmement, à tous égards, les plus grandes limites entre lesquelles la vie puisse être réellement conçue. » Une remarque semblable doit être faite à propos de la direction du plan de l'orbite comparé à l'axe de rotation de la planète. L'obliquité de ce plan est le principe de la division de la terre en climats, et, par conséquent, de la distribution géographique des espèces vivantes.

On pourrait maintenant se demander pourquoi la science astronomique apparaît plus étroitement liée à la biologie qu'à la physique et à la chimie. Cela tient à ce que, malgré l'indispensable nécessité de la physique et de la chimie, l'astronomie et la biologie constituent néanmoins, par leur nature, les deux principales branches de la philosophie naturelle proprement dite. Ces deux grandes études, complémentaires l'une de l'autre, embrassent, dans leur harmonie rationnelle, le système général de toutes nos conceptions fondamentales. A l'une, le monde, à l'autre, l'homme : termes extrêmes, entre lesquels seront toujours comprises nos pensées réelles. Le monde d'abord, l'homme ensuite : telle est, dans l'ordre purement spéculatif, la marche positive de notre intelligence ; quoique, dans l'ordre directement actif, elle doive être nécessairement inverse. Car les lois du monde dominent celles des hommes, et n'en sont pas modifiées. Entre ces deux pôles corrélatifs de la philosophie naturelle viennent s'intercaler spontanément, d'une part, les lois physiques comme une sorte de complément des lois astronomiques et, d'une autre part, les lois chimiques, préliminaire immédiat des lois biologiques. Tel est, du point de vue philosophique le plus élevé, l'indissoluble faisceau rationnel des diverses sciences fondamentales. » (*Ibid.*)

de l'astronomie, de la physique, de la chimie et de la
physiologie[1].

Comme de telles conditions sont bien rarement remplies de nos jours, et qu'aucune institution régulière
n'est organisée pour les accomplir, nous pouvons dire
qu'il n'existe pas encore pour les savants, d'éducation
vraiment rationnelle. Cette considération est, à mes
yeux, d'une si grande importance, que je ne crains pas
d'attribuer en partie à ce vice de nos éducations actuelles l'état d'imperfection extrême où nous voyons
encore les sciences les plus difficiles, état véritable-

1. Sur les relations de la sociologie avec la biologie v. ci-
dessus, p. 160, n. 1.

La philosophie inorganique fait connaître le système des
conditions extérieures sous l'empire desquelles s'accomplit
l'évolution sociale. Il y a un rapport nécessaire entre le
milieu où vit l'humanité et la structure, ainsi que le progrès,
des groupements humains. Ce qui est vrai de la solidarité
entre l'astronomie, la physico-chimie et la biologie, ne peut
pas ne point l'être pour la science sociale, « car toutes les
perturbations extérieures quelconques qui affecteraient l'existence individuelle de l'homme ne sauraient manquer aussi
d'altérer consécutivement son existence sociale ; et, réciproquement, celle-ci ne pourrait, sans doute, être gravement
troublée par des modifications du milieu qui ne dérangeraient
aucunement la première ». (49ᵉ leçon.) L'influence des conditions extérieures est même plus sensible sur la vie des sociétés que sur l'existence des individus, puisqu'il s'agit, dans
le premier cas, d'organismes plus compliqués, et que la dépendance des phénomènes croît en raison directe de leur
complexité. Par exemple, on peut concevoir des perturbations
astronomiques qui n'altéreraient pas gravement les existences
individuelles et qui nuiraient profondément à l'existence

ment inférieur à ce que prescrit en effet la nature plus compliquée des phénomènes correspondants.

Relativement à l'éducation générale, cette condition est encore bien plus nécessaire. Je la crois tellement indispensable que je regarde l'enseignement scientifique comme incapable de réaliser les résultats généraux les plus essentiels qu'il est destiné à produire dans la société pour la rénovation du système intellectuel, si les diverses branches principales de la philosophie naturelle ne sont pas étudiées dans l'ordre convenable. N'oublions pas que, dans presque toutes les intelligences, même les plus élevées, les idées restent ordinairement enchaînées suivant l'ordre de leur acquisition premières ; et que, par conséquent, c'est un mal le plus souvent irrémédiable que de n'avoir pas commencé par

sociale. « Parmi les conditions dynamiques, qu'on examine, entre autres, sous ce point de vue, le degré réel d'obliquité de l'écliptique, la stabilité des pôles de rotation, et surtout la faible excentricité de l'orbite, on sentira facilement que, si cet ensemble de données fondamentales était notablement troublé, sans cependant l'être assez pour que l'existence individuelle fût aucunement compromise, notre vie sociale ne pourrait échapper à une profonde altération correspondante. » (*Ibid.*) Ce n'est pas à dire, cependant, que les lois auxquelles sont soumis les phénomènes inorganiques puissent rien modifier d'essentiel dans les phénomènes organiques : tant que les circonstances extérieures laissent l'évolution se produire et ne la détruisent pas radicalement, cette dernière ne saurait être influencée que dans sa vitesse « en traversant, avec plus ou moins de rapidité, chacun des états intermédiaires dont elle se compose, sans que leur succession nécessaire, ni leur tendance finale puissent jamais être réellement altérées ».

le commencement. Chaque siècle ne compte qu'un bien
petit nombre de penseurs capables, à l'époque de leur
virilité, comme Bacon, Descartes et Leibnitz, de faire
véritablement table rase, pour reconstruire de fond en
comble le système entier de leurs idées acquises.

L'importance de notre loi encyclopédique pour servir de base à l'éducation scientifique, ne peut être
convenablement appréciée qu'en la considérant aussi
par rapport à la méthode au lieu de l'envisager seulement comme nous venons de le faire relativement à la
doctrine.

Sous ce nouveau point de vue, une exécution convenable du plan général d'études que nous avons déterminé doit avoir pour résultat nécessaire de nous procurer une connaissance parfaite de la méthode positive,
qui ne pourrait être obtenue d'aucune autre manière.

En effet, les phénomènes naturels ayant été classés
de telle sorte que ceux qui sont réellement homogènes
restent toujours compris dans une même étude, tandis
que ceux qui ont été affectés à des études différentes
sont effectivement hétérogènes, il doit nécessairement
en résulter que la méthode positive générale sera
constamment modifiée d'une manière uniforme dans
l'étendue d'une même science fondamentale, et qu'elle
éprouvera sans cesse des modifications différentes et
de plus en plus composées, en passant d'une science à
une autre [1]. Nous aurons donc ainsi la certitude de la
considérer dans toutes les variétés réelles dont elle est

1. Selon ce principe que « l'extension des ressources logiques est toujours en suffisante harmonie avec l'accroissement des difficultés scientifiques ».

susceptible, ce qui n'aurait pu avoir lieu, si nous avions adopté une formule encyclopédique qui ne remplît pas les conditions essentielles posées ci-dessus.

Cette nouvelle considération est d'une importance vraiment fondamentale; car, si nous avons vu en général, dans la dernière leçon, qu'il est impossible de connaître la méthode positive, quand on veut l'étudier séparément de son emploi, nous devons ajouter aujourd'hui qu'on ne peut s'en former une idée nette et exacte qu'en étudiant successivement, et dans l'ordre convenable, son application à toutes les diverses classes principales des phénomènes naturels. Une seule science ne suffirait point pour atteindre ce but, même en la choisissant le plus judicieusement possible. Car, quoique la méthode soit essentiellement identique dans toutes, chaque science développe spécialement tel ou tel de ses procédés caractéristiques, dont l'influence, trop peu prononcée dans les autres sciences, demeurerait inaperçue. Ainsi, par exemple, dans certaines branches de la philosophie, c'est l'observation proprement dite; dans d'autres, c'est l'expérience, et telle ou telle nature d'expériences, qui constitue le principal moyen d'exploration [1]. De même, tel précepte général,

1. La méthode astronomique est bornée à l'observation. « L'expérience y est évidemment impossible; et quant à la comparaison, elle n'y existerait que si nous pouvions observer directement plusieurs systèmes solaires, ce qui ne saurait avoir lieu. » (19e leçon). Et l'observation même, pour rigoureuse qu'elle soit, n'en est pas moins réduite à l'usage d'un seul sens.

En physique, les ressources de l'observation sont plus variées; elle peut recourir à divers organes des sens. Mais surqui fait partie intégrante de la méthode, a été fourni primitivement par une certaine science ; et, bien qu'il

tout, la complication plus grande des phénomènes exige un nouveau mode d'exploration, *l'expérience.* Ce procédé méthodologique « consiste toujours à observer en dehors des circonstances naturelles, *en plaçant les corps dans des conditions artificielles,* expressément instituées pour faciliter l'examen de la marche des phénomènes qu'on se propose d'analyser sous un point de vue déterminé. » (28ᵉ leçon.) C'est en physique que notre faculté de modifier les circonstances d'un fait est la plus grande. C'est, par conséquent, en physique aussi que l'expérimentation est employée avec le plus d'efficacité et qu'il faut l'étudier. Là, en effet, on peut trouver *deux cas exactement pareils sous tous les rapports, sauf sous celui qu'on veut analyser,* ce qui suppose qu'on puisse varier les circonstances de la production et isoler les conditions déterminantes.

C'est en physique et en astronomie qu'on apprend à faire des *hypothèses* un usage rationnel.

Avec la science chimique, la méthode d'observation reçoit son développement intégral. Le goût et l'odorat, qui demeuraient inactifs en physique, servent à l'analyse des combinaisons des corps. La *comparaison* commence à être utilisée car, en chimie, on peut trouver déjà « une suite suffisamment étendue de cas analogues, mais distincts, où un phénomène commun se modifie de plus en plus, soit par des simplifications, soit par des dégradations successives et presque continues ». (35ᵉ leçon.) Un double procédé de vérification apparaît : l'*analyse* et la *synthèse.* Mais surtout, il y a, dans l'ensemble de la méthode positive, une partie fort importante, que la chimie est destinée à porter à son plus haut point de perfection : il s'agit de *l'art des nomenclatures,* ou des « dénominations rationnelles, et pourtant abrégées, propre à faciliter réellement la combinaison habituelle des idées ». En chimie, beaucoup plutôt qu'en physiologie, les phénomènes sont « assez simples, assez uniformes, et en même temps assez déterminés, pour que la nomenclature rationnelle

ait pu être ensuite transporté dans d'autres, c'est à
sa source qu'il faut l'étudier pour le bien connaître;

puisse être à la fois claire, rapide et complète ». Cela tient à
ce que le but propre de la chimie est justement de tout ramener à des rapports de *composition*. « Ainsi, le nom systématique de chaque corps, en faisant directement connaître
sa composition, peut aisément indiquer, d'abord un juste
aperçu général, et ensuite, un résumé fidèle, quoique concis,
de l'ensemble de son histoire chimique... D'un autre côté,
le dualisme étant en chimie la constitution la plus commune,
et surtout la plus essentielle, celle à laquelle il est naturel
que la science tende de plus en plus à ramener, autant que
possible, tous les autres modes de composition, on conçoit
que l'ensemble des conditions du problème ne saurait être
plus favorable à la formation d'une nomenclature rapide et
néanmoins suffisamment expressive. » (*Ibid.*) Il y a donc une
« indispensable nécessité, pour une classe quelconque de
philosophes positifs, de venir puiser, exclusivement dans la
chimie, les vrais principes et l'esprit général de l'art des
nomenclatures scientifiques, conformément à cette règle
fondamentale, que chaque grand artifice logique doit être
directement étudié dans la partie de la philosophie naturelle
qui en offre le développement le plus spontané et le plus
complet, afin de pouvoir être ensuite appliqué, avec les modifications convenables, au perfectionnement des sciences
qui en sont moins susceptibles. »

La méthode propre à la biologie est *l'art comparatif*. Il
exige le « concours de l'unité essentielle du sujet principal
avec la grande diversité de ses modifications effectives... Or,
d'après la définition même de la vie, ces deux caractères
sont, de toute nécessité, éminemment réalisés dans l'étude
des phénomènes biologiques. » (40e leçon.)

En effet, au point de vue anatomique, « tous les organismes possibles, toutes les parties quelconques de chaque
organisme, et tous les divers états de chacun, présentent né-

comme, par exemple, la théorie des classifications. En se bornant à l'étude d'une science unique, il

cessairement un fond commun de structure et de composition, d'où procèdent successivement les diverses organisations plus ou moins secondaires qui constituent des tissus, des organes et des appareils de plus en plus compliqués. De même, sous l'aspect physiologique proprement dit, tous les êtres vivants, depuis le végétal jusqu'à l'homme, considérés dans tous les actes et à toutes les époques de leur existence, sont essentiellement doués d'une certaine vitalité commune, premier fondement indispensable des innombrables phénomènes qui les caractérisent graduellement. L'une et l'autre de ces deux grandes faces corrélatives du sujet universel de la biologie montrent toujours ce que les différents cas offrent de semblable comme étant nécessairement, en réalité plus important, plus fondamental que les particularités qui les distinguent. » (*Ibid.*) La comparaison peut avoir lieu principalement : 1° entre les diverses parties de chaque organisme déterminé ; 2° entre les sexes ; 3° entre les diverses phases que présente l'ensemble du développement ; 4° entre les différentes races ou variétés de chaque espèce ; 5° entre tous les organismes de la hiérarchie biologique. L'esprit essentiel de la méthode comparative « consiste toujours à concevoir tous les cas envisagés comme devant être radicalement analogues sous le point de vue que l'on considère, et à représenter, en conséquence, leurs différences effectives comme de simples modifications déterminées, dans un type fondamental et abstrait, par l'ensemble des caractères propres à l'organisme ou à l'être correspondant ; en sorte que les différences secondaires soient sans cesse rattachées aux principales d'après des lois constamment uniformes. » (*Ibid.*)

Nous avons vu plus haut (Cf. p. 94, n. 1) que la biologie fournissait aussi la véritable notion de *l'art de classer* et qu'enfin la physique sociale enseignait la *méthode historique.* (**Cf. p. 160, n. 1.**)

faudrait sans doute choisir la plus parfaite pour avoir un sentiment plus profond de la méthode positive. Or, la plus parfaite étant en même temps la plus simple, on n'aurait ainsi qu'une connaissance bien incomplète de la méthode, puisqu'on n'apprendrait pas quelles modifications essentielles elle doit subir pour s'adapter à des phénomènes plus compliqués. Chaque science fondamentale a donc, sous ce rapport, des avantages qui lui sont propres; ce qui prouve clairement la nécessité de les considérer toutes, sous peine de ne se former que des conceptions trop étroites et des habitudes insuffisantes. Cette considération devant se reproduire fréquemment dans la suite, il est inutile de la développer davantage en ce moment.

Je dois néanmoins ici, toujours sous le rapport de la méthode, insister spécialement sur le besoin, pour la bien connaître, non seulement d'étudier philosophiquement toutes les diverses sciences fondamentales, mais de les étudier suivant l'ordre encyclopédique établi dans cette leçon. Que peut produire de rationnel, à moins d'une extrême supériorité naturelle, un esprit qui s'occupe de prime abord de l'étude des phénomènes les plus compliqués, sans avoir préalablement appris à connaître, par l'examen des phénomènes les plus simples ce que c'est qu'une *loi*, ce que c'est qu'*observer*, ce que c'est qu'une conception positive, ce que c'est même qu'un raisonnement suivi ? Telle est pourtant encore aujourd'hui la marche ordinaire de nos jeunes physiologistes, qui abordent immédiatement l'étude des corps vivants, sans avoir le plus souvent été préparés autrement que par une éducation préli-

minaire réduite à l'étude d'une ou deux langues mortes,
et n'ayant, tout au plus, qu'une connaissance très superficielle de la physique et de la chimie, connaissance
presque nulle sous le rapport de la méthode, puisqu'elle n'a pas été obtenue communément d'une manière rationnelle, et en partant du véritable point de
départ de la philosophie naturelle. On conçoit combien
il importe de réformer un plan d'études aussi vicieux.
De même, relativement aux phénomènes sociaux, qui
sont encore plus compliqués, ne serait-ce point avoir
fait un grand pas vers le retour des sociétés modernes
à un état vraiment normal, que d'avoir reconnu la nécessité logique de ne procéder à l'étude de ces phénomènes, qu'après avoir dressé successivement l'organe
intellectuel par l'examen philosophique approfondi de
tous les phénomènes antérieurs? On peut même dire
avec précision que c'est là toute la difficulté principale. Car il est peu de bons esprits qui ne soient convaincus aujourd'hui qu'il faut étudier les phénomènes
sociaux d'après la méthode positive. Seulement, ceux
qui s'occupent de cette étude, ne sachant pas et ne
pouvant pas savoir exactement en quoi consiste cette
méthode, faute de l'avoir examinée dans ses applications antérieures, cette maxime est jusqu'à présent
demeurée stérile pour la rénovation des théories sociales, qui ne sont pas encore sorties de l'état théologique ou de l'état métaphysique, malgré les efforts
des prétendus réformateurs positifs. Cette considération sera, plus tard, spécialement développée;
je dois ici me borner à l'indiquer, uniquement pour
faire apercevoir toute la portée de la conception

encyclopédique que j'ai proposée dans cette leçon.

Tels sont donc les quatre points de vue principaux, sous lesquels j'ai dû m'attacher à faire ressortir l'importance générale de la classification rationnelle et positive, établie ci-dessus pour les sciences fondamentales.

XII. — Afin de compléter l'exposition générale du plan de ce cours, il me reste maintenant à considérer une lacune immense et capitale, que j'ai laissée à dessein dans ma formule encyclopédique, et que le lecteur a sans doute déjà remarquée. En effet, nous n'avons point marqué dans notre système scientifique le rang de la science mathématique.

Le motif de cette omission volontaire est dans l'importance même de cette science, si vaste et si fondamentale[1]. Car la leçon prochaine sera entièrement

---

1. L'idée qu'on se fait vulgairement de la mathématique est celle d'une *science qui aurait pour but la mesure des grandeurs*. Le défaut de cette définition est de présenter comme un but direct une fin à laquelle la mathématique ne tend qu'indirectement. En effet, la mesure immédiate des grandeurs est impossible. La mesure la plus simple, la comparaison de la ligne droite avec une autre, exige un ensemble de conditions rarement réalisé. Aussi, l'esprit se trouve-t-il dans la nécessité de déterminer artificiellement certaines grandeurs susceptibles de mesure directe, et auxquelles il s'agit ensuite de rapporter toutes les autres. Le besoin dont est née la mathématique, c'est donc celui de *déterminer indirectement les grandeurs impossibles à mesurer immédiatement*. Par exemple le temps de chute et la hauteur de chute d'un corps sont deux grandeurs qui varient en fonction l'une de l'autre. Quand la hauteur de chute est inaccessible à la dé-

consacrée à la détermination exacte de son véritable
caractère général, et par suite à la fixation précise de
son rang encyclopédique. Mais pour ne pas laisser incomplet, sous un rapport aussi capital, le grand tableau
que j'ai tâché d'esquisser dans cette leçon, je dois in-

termination directe, on peut suppléer à sa mesure par celle
du temps de chute.

S'il s'agit d'une question de géométrie, on n'a qu'à considérer la distance impossible à évaluer immédiatement
comme faisant partie d'une figure dont toutes les autres
grandeurs peuvent être mesurées. On connaît, dès lors, la
grandeur inaccessible, par sa relation déterminée avec les
autres.

Le véritable but de la science mathématique, c'est donc de
*déterminer les grandeurs les unes par les autres, d'après les
relations précises qui existent entre elles.*

Cette définition « si on en écarte la circonstance de la précision des déterminations, n'est autre chose que la définition
de toute véritable science quelconque, car chacune n'a-t-elle
pas nécessairement pour but de déterminer des phénomènes
les uns par les autres, d'après les relations qui existent entre
eux ? Toute science consiste dans la coordination des faits;
si les diverses observations étaient entièrement isolées, il
n'y aurait pas de sciences. On peut même dire généralement
que la *science* est essentiellement destinée à dispenser, autant
que le comportent les divers phénomènes, de toute observation directe, en permettant de déduire du plus petit nombre
possible de données immédiates, le plus grand nombre possible de résultats. N'est-ce point là, en effet, l'usage réel, soit
dans la spéculation, soit dans l'action, des *lois* que nous parvenons à découvrir entre les phénomènes naturels? La science
mathématique ne fait, d'après cela, que pousser au plus haut
degré possible, tant sous le rapport de la quantité que sous
celui de la qualité, sur les sujets véritablement de son ressort
le même genre de recherches que poursuit à des degrés plus

diquer ici sommairement, par anticipation, les résultats généraux de l'examen que nous entreprendrons
dans la leçon suivante.

Dans l'état actuel du développement de nos connaissances positives, il convient, je crois, de regarder la
science mathématique, moins comme une partie con-
stituante de la philosophie naturelle proprement dite,
que comme étant, depuis Descartes et Newton, la vraie
base fondamentale de toute cette philosophie, quoique,
à parler exactement, elle soit à la fois l'une et l'autre.
Aujourd'hui, en effet, la science mathématique est bien
moins importante par les connaissances très réelles et
très précieuses néanmoins qui la composent directement, que comme constituant l'instrument le plus
puissant que l'esprit humain puisse employer dans la
recherche des lois des phénomènes naturels.

ou moins inférieurs, chaque science réelle, dans sa sphère
respective.

« C'est donc par l'étude des mathématiques et seulement par
elle, que l'on peut se faire une idée juste et approfondie de
ce que c'est qu'une *science*. C'est là uniquement qu'on doit
chercher à connaître avec précision la méthode générale
que l'esprit humain emploie constamment dans toutes les
recherches positives, parce que nulle part ailleurs les questions ne sont résolues d'une manière aussi complète et les
déductions prolongées aussi loin avec une sévérité rigoureuse.
C'est là également que notre entendement a donné les plus
grandes preuves de sa force, parce que les idées qu'il y considère sont du plus haut degré d'abstraction possible dans
l'ordre positif. Toute éducation scientifique qui ne commence
point par une telle étude pèche donc nécessairement par sa
base. » (3ᵉ leçon.)

Pour présenter à cet égard une conception parfaitement nette et rigoureusement exacte, nous verrons
qu'il faut diviser la science mathématique en deux
grandes sciences [1], dont le caractère est essentiellement distinct : la mathématique abstraite ou le *calcul* [2],

1. Il faut se reporter, pour comprendre cette division, à la
définition de la science mathématique : « Toute recherche
mathématique a pour objet de déterminer des grandeurs
inconnues, d'après les relations qui existent entre elles et
des grandeurs connues. Or, il faut évidemment d'abord, à
cette fin, parvenir à connaître avec précision les relations
existantes entre les quantités que l'on considère. Ce premier
ordre de recherches constitue ce qu'on appelle la partie concrète de la solution. Quand elle est terminée, la question
change de nature; elle se réduit à une pure question de
nombres, consistant simplement désormais à déterminer des
nombres inconnus, lorsqu'on sait quelles relations précises
les lient à des nombres connus. C'est dans ce second ordre
de recherches que consiste ce que je nomme la partie
abstraite. » (*Ibid.*)

2. La science du calcul se divise elle-même en *algèbre* et
arithmétique. Il y a en effet deux questions distinctes dans
tout problème de calcul : 1° une question algébrique, lorsqu'il
s'agit de mettre en évidence le mode de formation des quantités inconnues par les quantités connues; 2° une question
arithmétique, lorsqu'il faut évaluer numériquement les quantités pour chaque cas considéré. L'*algèbre* considère les quantités au point de vue de leur relation; l'*arithmétique*, au point
de vue de leur *valeur*. L'objet de l'algèbre, c'est la résolution
des équations, c'est-à-dire la transformation des fonctions
implicites en fonctions explicites. Aussi, peut-on appeler
l'algèbre *calcul des fonctions*. L'objet de l'arithmétique, c'est
d'évaluer les fonctions. On peut appeler cette science *calcul
des valeurs*.

Comte rejette la doctrine de Newton, selon qui l'algèbre ne

en prenant ce mot dans sa plus grande extension, et la
mathématique concrète, qui se compose, d'une part, de
la géométrie générale, d'une autre part, de la méca-

serait qu'une généralisation de l'arithmétique, une arithmétique universelle. C'est, en réalité, une science toute différente
par son objet et par sa méthode. Le domaine de l'arithmétique est beaucoup plus restreint que celui de l'algèbre,
parce que l'*évaluation* des fonctions complexes ne constitue
pas un problème distinct de l'évaluation des fonctions élémentaires qui entrent dans leur composition. Au contraire,
le rôle *algébrique* d'une fonction complexe est tout différent
de celui des fonctions élémentaires qui la constituent. On
pourrait même absorber l'arithmétique dans le calcul des
fonctions, si l'on remarque que, toute évaluation étant une
transformation, l'opération arithmétique essentielle est, au
fond, une opération algébrique.

A son tour, le calcul des fonctions se sous-divise. La difficulté des rapports entre l'abstrait et le concret, c'est le petit
nombre d'éléments analytiques dont on dispose pour exprimer les questions les plus complexes. L'extension du domaine
du calcul des fonctions ne peut plus se faire par la découverte de nouvelles fonctions abstraites élémentaires, mais
seulement par l'*analyse transcendante*, qui consiste à trouver
des équations entre certaines quantités auxiliaires liées aux
quantités considérées par une loi déterminée, de telle sorte
qu'on puisse remonter, grâce à cet intermédiaire, jusqu'aux
équations qui relient les quantités considérées elles-mêmes.
« Les seules quantités auxiliaires introduites habituellement
à la place des quantités primitives dans l'*analyse transcendante* sont ce qu'on appelle les éléments *infiniment petits, les
différentielles* de divers ordres de ces quantités, si l'on
conçoit cette analyse à la manière de Leibnitz ; ou les *fluxions*,
les *limites* des rapports des accroissements simultanés des
quantités primitives comparées les unes aux autres, ou plus
brièvement, les *premières* et les *dernières raisons* de ces

nique rationnelle. La partie concrète est nécessairement
fondée sur la partie abstraite, et devient à son tour la
base directe de toute la philosophie naturelle, en considérant, autant que possible, tous les phénomènes de
l'univers comme géométriques ou comme mécaniques.

La partie abstraite est la seule qui soit instrumen-
tale, n'étant autre chose qu'une immense extension admirable de la logique naturelle à un certain ordre de
déductions. La géométrie et la mécanique doivent, au
contraire, être envisagées comme de véritables sciences
naturelles[1], fondées, ainsi que toutes les autres, sur

accroissements, en adoptant la conception de Newton; ou
bien, enfin, les *dérivées* proprement dites de ces quantités,
c'est-à-dire les coefficients des différents termes de leurs
accroissements respectifs, d'après la conception de Lagrange. »
(4ᵉ leçon.) L'algèbre comprend en somme : 1° le calcul des
fonctions directes (analyse ordinaire); 2° le calcul des fonctions indirectes (analyse transcendante).

1. La géométrie et la mécanique sont des *sciences naturelles*. L'application de l'analyse mathématique à la géométrie
fait souvent considérer cette dernière science comme purement rationnelle. En réalité, il existe toujours, « par rapport
à chaque corps étudié par les géomètres, un certain nombre
de phénomènes primitifs qui, n'étant établis par aucun raisonnement, ne peuvent être fondés que sur l'observation, et
constituent la base nécessaire de toutes les déductions ».
(10ᵉ leçon.)

Ainsi, la notion d'espace nous est suggérée « quand nous
pensons à l'*empreinte* que laisserait un corps dans un fluide où
il serait placé ». De même, les notions de *surfaces* et de *lignes*
ne correspondent pas exactement aux définitions modèles des
savants. À vrai dire, nous nous représentons constamment
les corps avec trois dimensions, seulement, nous concevons
la dimension que nous voulons éliminer « comme devenue

l'observation, quoique, par l'extrême simplicité de leurs
phénomènes, elles comportent un degré infiniment
plus parfait de systématisation, qui a pu quelquefois
faire méconnaître le caractère expérimental de leurs

graduellement de plus en plus petite, les deux autres restant
les mêmes jusqu'à ce qu'elle soit parvenue à un tel degré de
ténuité qu'elle ne puisse plus fixer l'attention ».

L'origine des notions élémentaires qui servent de point de
départ à la science est donc bien due à l'observation des phénomènes réels. La géométrie, en progressant, en devenant
plus rationnelle chez les modernes que chez les anciens, ne
perd pas son caractère de science naturelle. La substitution
de la *géométrie générale* à la *géométrie spéciale* provient
de l'application de l'analyse mathématique. Les « équations fondamentales une fois découvertes, l'analyse permettra d'en déduire une multitude de conséquences, qu'il
eût été même impossible de soupçonner d'abord ; elle
perfectionnera la science à un degré immense, soit sous le
rapport de la généralité des conceptions, soit quant à la
coordination complète établie entre elles. Mais, pour constituer les bases mêmes d'une science naturelle quelconque,
jamais, évidemment, la seule analyse mathématique ne saurait y suffire, pas même pour les démontrer de nouveau
lorsqu'elles ont été déjà fondées. Rien ne peut dispenser,
à cet égard, de l'étude directe du sujet, poussée jusqu'au
point de la découverte de relations précises. Tenter de faire
rentrer la science, dès son origine, dans le domaine du calcul, ce serait *vouloir imposer à des théories portant sur des
phénomènes effectifs le caractère de simples procédés logiques,*
et les priver ainsi de tout ce qui constitue leur corrélation
nécessaire avec le monde réel. En un mot, une telle opération philosophique, si par elle-même elle n'était pas nécessairement contradictoire, ne saurait aboutir évidemment
qu'à replonger la science dans le domaine de la métaphy-

premiers principes. Mais ces deux sciences physiques ont cela de particulier que, dans l'état présent de l'esprit humain, elles sont déjà et seront toujours davan-

sique, dont l'esprit humain a eu tant de peine à se dégager complètement ». (*Ibid.*)

Par exemple, c'est un véritable abus de l'esprit analytique que de prétendre « démontrer par de simples considérations abstraites d'analyse mathématique, la relation constante qui existe entre les trois angles d'un triangle rectiligne, la, proposition fondamentale de la théorie des triangles semblables, la mesure des rectangles, celle des parallélipipèdes, etc., en un mot précisément les seules propositions géométriques qui ne puissent être obtenues que par une étude directe du sujet ». (11ᵉ leçon.)

Le calcul n'étant qu'un moyen de déduction, « *c'est s'en former une idée radicalement fausse que de vouloir l'employer à établir les fondements élémentaires d'une science quelconque*, car sur quoi reposeraient, dans une telle opération, les argumentations analytiques » ? (*Ibid.*)

Bien que l'analyse mathématique, *comme instrument de calcul*, ait puissamment contribué aux progrès de la mécanique rationnelle, elle ne doit pas faire méconnaître le caractère naturel de cette science. « Ce qui établit la réalité de la mécanique rationnelle, c'est précisément, au contraire, d'être fondée sur quelques faits généraux, immédiatement fournis par l'observation, et que tout philosophe vraiment positif doit envisager, ce me semble, comme *n'étant susceptibles d'aucune explication quelconque*. » (15ᵉ leçon.) Le problème général de la mécanique rationnelle « consiste à déterminer l'effet que produiront sur un corps donné différentes forces quelconques agissant simultanément, lorsqu'on connaît le mouvement simple qui résulterait de l'action isolée de chacune d'elles ; or, en prenant la question en sens inverse, à déterminer les mouvements simples dont la combinaison

tage employées comme méthode, beaucoup plus que comme doctrine directe.

Il est, du reste, évident qu'en plaçant ainsi la science mathématique à la tête de la philosophie positive, nous ne faisons qu'étendre davantage l'application de ce même principe de classification, fondé sur la dépendance successive des sciences en résultat du degré d'abstraction de leurs phénomènes respectifs, qui nous a fourni la série encyclopédique, établie dans cette leçon. Nous ne faisons maintenant que restituer à cette série son véritable premier terme, dont l'importance propre exigeait un examen spécial plus développé. On voit, en effet, que les phénomènes géométriques et mécaniques sont, de tous, les plus généraux,

donnerait lieu à un mouvement composé connu ». C'est tantôt le mouvement simple, tantôt le mouvement composé qui peut seul être directement observé. Mais les trois lois fondamentales du mouvement sont toujours de simples résultats de l'observation. 1° Considérons la loi d'inertie. « Nous avons continuellement occasion de reconnaître qu'un corps animé d'une force unique se meut constamment en ligne droite ; et s'il se dévie, nous pouvons aisément constater que cette modification tient à l'action simultanée de quelque force active ou passive : enfin, les mouvements curvilignes euxmêmes nous montrent clairement, par les phénomènes variés dus à ce qu'on appelle *la force centrifuge,* que les corps conservent constamment leur tendance naturelle à se mouvoir en ligne droite. Il n'y a pour ainsi dire aucun phénomène dans la nature qui ne puisse nous fournir une vérification sensible de cette loi, sur laquelle est en partie fondée toute l'économie de l'univers. Il en est de même relativement à l'uniformité du mouvement. Tous les faits nous prouvent que, si le mouvement primitivement imprimé se ralentit tou-

les plus simples, les plus abstraits, les plus irréductibles, et les plus indépendants de tous les autres,
dont ils sont, au contraire, la base. On conçoit pareillement que leur étude est un préliminaire indispensable à celle de tous les autres ordres de phénomènes. C'est donc la science mathématique qui
doit constituer le véritable point de départ de toute
éducation scientifique rationnelle, soit générale, soit
spéciale, ce qui explique l'usage universel qui s'est
établi depuis longtemps à ce sujet, d'une manière
empirique, quoiqu'il n'ait eu primitivement d'autre
cause que la plus grande ancienneté relative de la
science mathématique. Je dois me borner en ce moment à une indication très rapide de ces diverses con-

jours graduellement et finit par s'éteindre entièrement, cela
provient des résistances que les corps rencontrent sans cesse
et sans lesquelles les expériences nous portent à penser que la
vitesse demeurerait indéfiniment constante, puisque nous
voyons augmenter sensiblement la durée du mouvement à
mesure que nous diminuons l'intensité de ces obstacles. »
(*Ibid.*) 2° Le « principe de l'égalité constante et nécessaire
entre l'action et la réaction » se manifeste dans tous les phénomènes naturels. 3° Enfin « le principe de l'indépendance
ou de la coexistence des mouvements ne peut pas plus que
les deux précédents être établi *a priori*. Aucune considération
rationnelle ne permettrait de conclure que le mouvement
général ne fera naître aucun changement dans les mouvements particuliers. Il faut un recours à l'observation et à
l'expérience. « Il ne s'opère point dans le monde réel un seul
phénomène dynamique qui n'en puisse offrir une preuve sensible et toute l'économie de l'univers serait évidemment bou-
leversée de fond en comble, si on supposait que cette loi
n'existât plus. » (*Ibid.*)

sidérations, qui vont être l'objet spécial de la leçon suivante.

Nous avons donc exactement déterminé dans cette leçon, non d'après de vaines spéculations arbitraires, mais en le regardant comme le sujet d'un véritable problème philosophique, le plan rationnel qui doit nous guider constamment dans l'étude de la philosophie positive. En résultat définitif, la mathématique, l'astronomie, la physique, la chimie, la physiologie et la physique sociale : telle est la formule encyclopédique qui, parmi le très grand nombre de classifications que comportent les six sciences fondamentales, est seule logiquement conforme à la hiérarchie naturelle et invariable des phénomènes. Je n'ai pas besoin de rappeler l'importance de ce résultat, que le lecteur doit se rendre éminemment familier, pour en faire dans toute l'étendue de ce cours une application continuelle.

La conséquence finale de cette leçon, exprimée sous la forme la plus simple, consiste donc dans l'explication et la justification du grand tableau synoptique placé au commencement de cet ouvrage, et dans la construction duquel je me suis efforcé de suivre, aussi rigoureusement que possible, pour la distribution intérieure de chaque science fondamentale, le même principe de classification qui vient de nous fournir la série générale des sciences.

TABLE DES MATIÈRES

DU TOME PREMIER

COURS DE PHILOSOPHIE POSITIVE

IMPRIM'VERT®

Achevé d'imprimer par Corlet,
Condé-en-Normandie (Calvados),
en septembre 2021
N° d'impression : 173046 - dépôt légal : septembre 2021
Imprimé en France